中世の時と暦——ヨーロッパ史のなかの時間と数

COMPUTUS

Zeit und Zahl in der Geschichte Europas

中世の時と暦

ヨーロッパ史のなかの時間と数

アルノ・ボルスト［著］
津山拓也［訳］

八坂書房

中世の時と暦

目次

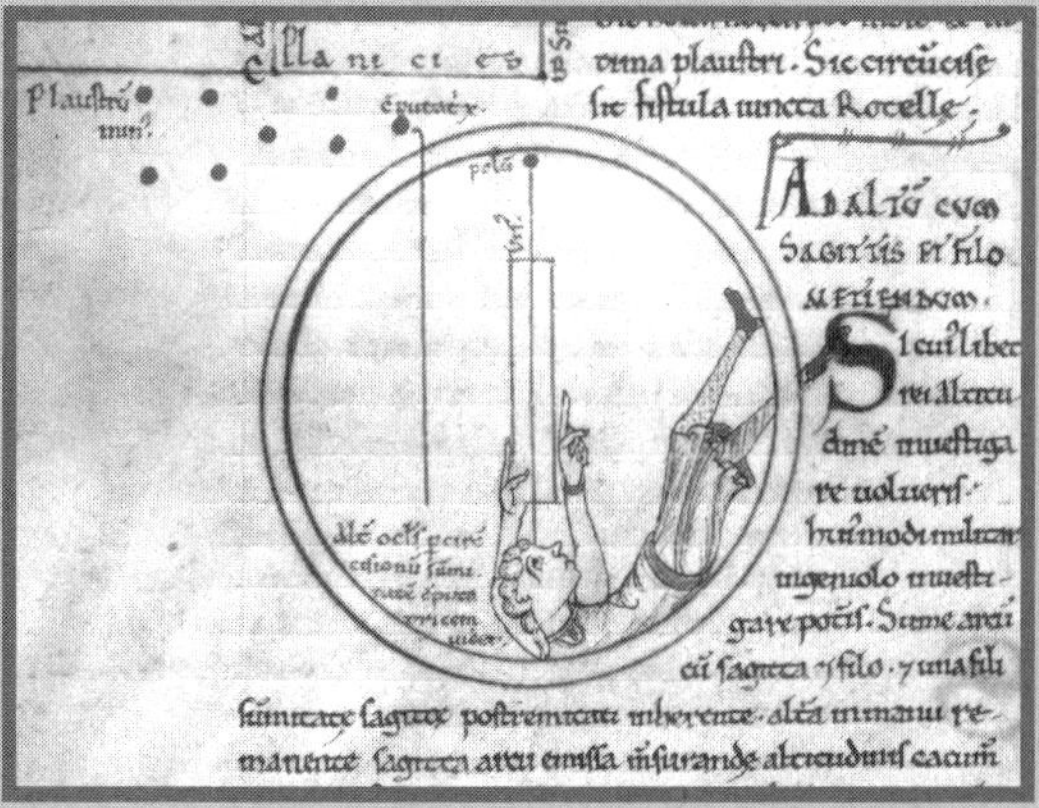

【目次扉図版】星位を測定して時間を読み取る
モン・サン・ミシェル、12世紀の写本、アヴランシュ市立文書館蔵

序　中世の暦とヨーロッパの歴史

社会学者ノルベルト・エリアスは著書『時間について』（一九八四年）でヨーロッパの各時代を比較・解説しながら、暦の歴史のアウトラインを描いて見せた。古典古代の人々は自分たちに必要な僅かな時間の合図を自然現象から読み取ったが、自然の歩みは《人間の要求に応えられるほど十分規則的ではなかった》。そこで近代精神は人間の社会状況に合わせた人工的な時間のシンボルを使って、密度の高いシステムを構築した。だがエリアスの著書では中世のみが不明瞭なままにされている。《伝統との絶縁にはつねに臆する》教会はユリウス・カエサルの暦を引きずり、改良するための手は何も打たなかった。なぜなら、中世は客観的な自然の時間と主観的な人間の時間を区別せず、そのどちらも同じ神の創造物に由来すると考えたからだ。以上がエリアスの見解である。[1]中世が時代遅れの暦にそれほど優柔不断に固執したのは事実か、これが私の一番目の問いである。

一九八九年に社会学者ギュンター・ドゥクスはエリアスとは逆に、中世が近代の発展を検証するのにもっとも有意義な時代だと考えた。ただし彼は暦による典礼には注目せず、労働の経済性のみを重視する。ドゥクスによれば、農業中心の社会だった中世初期の修道院は、まだ村の日常的な雑事に囲まれ、限定された範囲内での短期間向けの行動論理に従い生活しており、その論理には自然発生型のあらゆる文化に見られるように詳細を極める神話がまとわりついていた。ヨーロッパの都市で手工業と商業が力を合わせたことから、一二世紀以降にようやく時間と金銭に対する計算によるアプローチが強制的に作り出された。すなわち市場で生き残るために、商人は商品に投資した時間を計算し始めたのである。それ以降、宇宙で同時に起こる出来事すべてを結びつける抽象的な世界時間のイメージとなったのが、あらゆる機械のプロトタイプたる機械時計である。もっとも人間が物質的な変化を意識するようになったのはその三世紀後であり、それから近代的な世界像が築かれたのだ。(2) したがって中世は中間の時代ではなかったし、中世の人々は自分が生きる時代を誤解していた。以上がドゥクスの見解である。アルカイック‐宗教的な時代と近代的‐経済的な時代に二分する必要が本当にあるのか、これが私の二番目の問いである。

歴史家も時として時代の垣根を無視する。一九八一年にトーマス・ニッパーダイは近代史学者として遠方を眺める視点から、エリアスやドゥクスとは異なる局面を発見した。それは中世の時

[図1] 中世の夜。詩篇集の挿絵より、1220年頃、パリ、アルスナル図書館所蔵。中央の人物はアストロラーベと望遠鏡を用いて星の位置を測定し、右側の人物はアラビアの天文表で太陽の現在の位置を調べ、左側の人物は星の高度と太陽の位置をラテン語で記入している。この後で二つの数値を元にしてアストロラーベで時刻を読み取る。

［図2］近代の昼。1496年のヴェネツィアの印刷物より。プトレマイオスとレギオモンタヌスがアーミラリー天球儀の下に座っている。この古典古代の学習器具は15世紀以降しばしば日時計として使用されるようになり、天の北極と南極を結ぶシャフトが指時針、中央のリング（天の赤道）が時刻の目盛となった。

間概念が有する近代性、しかも純粋に宗教的な理念、《方向性があり、ある目的に向かって進む歴史というユダヤ教‐キリスト教的な理念、すなわち救済史》が有する近代性である。ニッパーダイによれば、《人間が別世界に対する思想と期待を抱いて時間の垣根を越え、自分の世界を超越することこそ、ヨーロッパ的なるものの特徴である。……中世人の考える永遠と近代人の考える未来の間に決定的な相違があることは確かだだが、決して〝今ここ〟のみに専念しない人間が抱くこの未来志向はその相違を凌駕して、中世人と近代人を結びつけるのだ》。以上がニッパーダイの見解である。(3) 中世という時代がそれほど決然と自分の時代から未来に向けて出発し、そのために日々の仕事や暦の時間への関心さえなおざりにしたのは事実か、これが私の三番目の問いである。

エリアス、ドゥクス、ニッパーダイの共通点は、時間意識の歴史をわれわれがいる現代の時点から観察し、中世には自分たちの生きる現在に対する強い感情がなかったと見なしていることである。彼らの仮定を疑わしくするのは、中世史学者として近辺を眺める視点から目に止まる一つの事実である。筆者が本書で扱う研究のアウトラインを初めて描いた講義は《am Mittwoch, dem 2. März 1988 um 18 Uhr s.t.（一九八八年三月二日水曜日、一八時定刻に）》行われる、と告知された。ここで使用した時間を表す記号は、単語にせよ数字にせよ、すべて中世に由来する。もっとも古風に見える決まり文句〈定刻に（*sine tempore*）〉だけが近代の学生ラテン語である。(4) 中世の時間表記が現代でも合理的な時間指定に役立つことは、一九八三年に経済史学者デヴィッド・ランデスが時間理解に焦点をあてて解釈したマックス・ヴェーバーの仮説を裏付けるものである。その仮説によれば、中世初期にベネディクト派の修道院制度が祈禱の時刻と労働時間を固定したことにより、近代ヨーロッパの時間測定と時間原則が基礎付けられた。[5] 中世がすでにその初期段階で、罪人や怠け者を収監する牢獄のように現在という時間を整理したのは事実か。これが私の四番目の問いである。

　中世の時間表示は、中世の初期から末期まで暦算法（コンプトゥス *computus* あるいはコンポトゥス *compotus*）と呼ばれる方法で定められた。[6] 一九六〇年に私の恩師ヘルベルト・グルントマンは、現代の中世研究家が暦算法に示す態度をこう特徴付けた。《このような中世の難解な暦算学《コンプティスティーク》を理解し再検証する術を、当時は聖職者なら誰もが四学科で苦労して習得せねばならなかったが、現代の専門家で首尾よく習得できる者はほんの僅かである――その理由は、暦算学が無益な思考ゲームだったからなどというわけではなく、われわれが気軽に日付入り手帳を捲ってみて、現代に至るまでに改良された暦算学の結果に頼るからである》。われわれの無精な態度は、現代の歴史家が中世の時間を話題にしながら暦算法は忘れているという事態にまでに至っている。[7] 彼らは銀行口座から預金を下ろし、コンピューターで文章を書くが、銀行口座（*Konto*）もコンピューター（*Computer*）も暦算法（*computus*）の派生語だとは気づかない。逆に歴史や言葉に関心のあるコンピューター専門家でさえ、自分たちの未来のスローガンである言葉の過去について何も知らない。(8) 暦《コン》算《プトウス》法とコンピューターの両概念にどのような実質的な結びつきがあるのか、すなわちわれわれの現代に中世がどれほど名残を留めているか、これが私の五番目の問いである。

すべての問いを一つにまとめれば、こうなる。ヨーロッパ中世はどのようにして時間を数えたのか、そのうちの何を古典古代から受け継ぎ、何を近代に遺したのか。それに答えるために、私は学問の専門分野の垣根を越えて、暦算法の歴史、その言葉と言葉が表わす対象の歴史を追跡する。(9)

I　古代ギリシアにおける神の時間、自然の時間、人間の時間

言葉よりもその言葉が表わす対象の方が古かった。なぜなら空間と違い、時間は歩測も測定も区分けもできなかったからである。人間はつねに象徴を介して時間を認識、表現せねばならず、その象徴もまた解釈が必要なうえに、様々な解釈が可能だった。もっとも、時間を円、線あるいは数字を使って表現することに思い至った初期文化は一つもなかった。現実には決して円形にならない円、必ずどこかが曲っている直線、入り混じっては散らばる数字を目にしながら、数学の基礎知識もないのに時間を円や線としてイメージする者などいなかった。人間がもっとも初期に時間として認識したものは、対照的な事象が交替する不気味な有様である。それには昼と夜、夏と冬のように自然現象において繰り返し訪れるものもあれば、青年と老年、生と死のように人間の運命に取り返しのつかない影響を及ぼすものもあった[10]。

生物としての人間が有する体内時計は、自然界の外的リズムと必ずしも一致しない。たしかに人間は生物的なプロセスを完全には抑制できない。それはたとえば昼と夜の交替に操られる睡眠の必要性であり、朔望月に関連する妊娠と出産のリズムであり、季節に従う種まきと収穫の時期である。だが、植物や動物ならば無条件で従うこうした自然界の周期も、人間の場合はやむをえない個人的な事情があったり、それどころか他人と共通の目的が要求するのであれば、先倒しも日延べもできる。人間は時間を認識する唯一の生物であるがゆえに、一定の範囲内なら時間を従わせることができるのである。とはいえその人間もやはり自然に囚われていて、時間の尺度を意のままに調整はできない。人間はそうでなくとも複雑な社会生活を、地球、太陽、月、星など自然の変動に合わせるよう試みなければならないが、それら天体も統一された尺度に従うわけではない。このようなわけでわれわれには、普通ならば生活を整理して暮らし易くしてくれるはずの明快な概念も整数も手に入らないのだ。時間とは、はっきり目に見える体験に順応させるか――その場合は矛盾が生じる――、あるいは首尾一貫した思考システムに束ねるか――こちらの場合は精確でなくなる――のどちらかなのである。

太古より歴史上の共同体はこの悩ましい葛藤から結論を引き出してきたが、神の前での人間の立場、自然界における人間の位置、同じ人間に対する人間の態度をどのように理解するか次第でその結論は様々だった。時間とは、永遠に固定され、神の摂理に委ねられており、社会的な取り決めとは無縁だと思う人々もいれば、結局はどうやら計り知れないものらしいが、実用的なアプローチは可能で、人間同士のコミュニケーションに役立つと見なす人々もいた。また、一時的に謎に包まれているにすぎず、それも人間の無知によるものなのだから、粘り強く研究すれば解明できると考える人々もいた。古代ギリシア文化ではあらゆる可能性が同時に論議された。同一基準で計れない事柄が増え続けたことが原因で、多様な意味に解釈される時間体験を、せめて疑問の余地のない幾何学的、算術的記号に封じるための合理的な方法を考案する必要に迫られたのだ。そこから時間と数字との分かち難く緊張をはらむ関係が誕生し、やがてそれがヨーロッパの歴史を特徴付けることになる。

紀元前五世紀および四世紀に、理由と目的はまったく異なるものの、三つの構想がこの関係に糸口をつけた。ハリカルナッソスのヘロドトスが著した『歴史』に見られる最古の構想は、ペルシア戦争から深い影響を受けた前世代の人生体験が基本になっている。紀元前四五〇年にペルシア戦争の歴史を語る際に、歴史記述の父はギリシア人の限界を越える必要があった。彼は根本的に異なる時間概念や歴史像を比較した。バビロニア人やエジプト人の考古学をギリシア人の若い好奇心と、ギリシア都市国家の民主主義体制をペルシア帝国の君主制と比較したのである。ギリシアでは公職者が毎年交代し、ペルシアでは一つの王朝が数世代にわたり支配する。世界は多様な姿を見せるが、そこに住まう死すべき人間たちには共通点が一つだけある。それが同時代性である。同時代の人間同士が行動し反応しながら出会う時に歴史が生じる。人間たちが相対的に同じ時代に存在することを介して、ヘロドトスは歴史的年代を決定したのだ。

父ダレイオス王の死から六年後、ペルシアのクセルクセス大王はギリシアへの軍事行動を開始した。それまでの歴史上でもっとも激しい戦役である。《ヘレスポントス〔ダーダネルス海峡〕を渡ってから三ヶ月後……蛮族〔ペルシア軍〕はアッティカに攻め入った。当時カリアデスがアテナイの最高執政官だった。蛮族が占拠した都市にはすでに人気はなかった》。現代の研究者は、国王と最高執政官に関する二つの言明を照らしあわせて〈紀元前四八〇年〉という暦年数を導き出す。しかしヘロドトス時代のギリシア人は、自民族の過去を表現するのにも、それどころか世界時間を表現するのにも、まだそのような紀元年数をもっていなかった。彼らはギリシア民族共通のオリンピック競技開始の年代を――もしそうしたものがあったとして――〈紀元前七七六年〉、〈紀元前一五八〇年〉あるいはさらに古い年代としていた。ヘロドトスは自分が生きている時代の紀元年数が〈紀元前四八〇年〉であることも、自分がその前後三世代に関して記した歴史の中心点にいることも表現さえできなかった。なぜなら、彼は自分が生きている世界が連続する時間の中で展開するのではなく、大勢の公職者や支配者の名前や運命という破片に分解されるもの、個々の人間や共同体全体の一生における生から死へと、《ゼロからゼロへと》突き進むものと見なしていたからである。人の生涯の年月日から離れれば、ヘロドトスは時間と数字を延長させる起点も終点も見つけられなかった。

バビロニア人が日時計やノーモン〔正午の影により太陽の高度などを計る棒、柱等〕を使って昼間を一二時間に区切ったことは、ヘロドトスも知っていたと思われる。エジプト人が人類史上初めて一年の長さを定め、一二ヵ月に区切り、天文学的な精密さで子供が生まれる月日を調べたことも彼は知っていた。ヘロドトスは、ギリシア人がこれらの知識を中近東から学んだと告白できるに十分な世界市民だった。異国の古物収集家ほど熱心ではないものの、ギリシア人も時間の尺度を数え始めていたからこそ、ヘロドトスは歴史的出来事を年代順に相互に関連させ、こうして《年寄りの混沌としたお喋りから歴史の宇宙を》創り出せたのである。しかし、一年、一月、一時間がいつ始まり、いつ終わるのか、それを示す標準的な規則をギリシア人は認めておらず、地域的な習慣、すなわち自然に生じた規則で満足していた。

ヘロドトスは後継者たちにこの実践的な観点を遺し、それはおよそ現代まで残っている。政治家や将軍は計算が容易な短期間の尺度で思考した。なぜなら敵も味方も同時代人の中にしかおらず、同じ時代に生きた偶然が彼らの成功や死後の名声を決定したからである。歴史家も政治や軍事上の出来事を狭い時間枠で評価し、簡単な数字で結びつけた。模範はこうだ。《こちらである人物がこれを行った三日後に、あちらで別の人物にかの出来事が降りかかった》。数字と時間の組合せが最終的に関連をもつ対象については、政治家も歴史家も触れなかった。それを熟考する

のは哲学の役目なのだ。(11)

紀元前三六〇年以降、アテナイのプラトンはその課題を遠大かつ徹底的に果たしたため、彼の対話編『ティマイオス』はたちまちあらゆる時間理論が基準とする書物になった。その冒頭で彼はアテナイの政治家ソロンについて語ることで、ヘロドトスの歴史的‐政治的解釈を嘲り批判する（ソロンは時間の基本単位として人間の寿命を選び、各年齢期が七年からなる一〇年齢期に分割した）。プラトンが語るには、ソロンはあるエジプトの神官に最初の人間に関するギリシアの神話を語ると、《自分が語った物語の中で何年経ったかを思い出しながら、こうして年数を計算して（*tous chronous arithmein*）》みようとした。そのエジプトの老人はギリシア人が子供じみた話をするのを聞いて驚くと、ソロンの祖先がアテナイですでに八千年前にほぼ完璧な国家を創立しており、地中海周辺に住む民族に対する強大な国家アトランティスの襲撃を退けたことを、神殿に保管された文書で証明した。歴史的な年代計算法が文書資料に依拠するのはよしとしよう。しかし大切なのは、人間の寿命七〇年や国家の歴史八千年ではなく、時間そのものの構造に関する洞察である。その洞察は日常的な体験でなく、比喩的表現でしか語れない抽象的な仮説から生じた。

創造主は永遠の神々の似像である宇宙を運動と生命で満たすことによって、宇宙を原型たる神々にさらに近づけようとした。しかし、生きている神々の本性は時間を超越しているので、生まれてきた宇宙にその性質を完全に授けることはできなかった。《しかし創造の父は、永遠《アイオン》を写す動く似像を創り出すことにした。そして宇宙を整えながら、一の中に留まり続ける永遠から、数の掟に即して動く似像を創り出した。われわれはこの似像に時間という名前を与えた。宇宙が生じる以前には、昼も夜も、月も年も存在しなかった。しかし、父は宇宙を創造すると同時に、それらが生まれるようにしたのだ》。その後からようやく別の神々に創造された人間が時間に名前を与え、その部分を数えるのは、永遠を儚いものに置き換えているにすぎない。人間は宇宙から連続する記号を読み取るが、分かたれざる本来の現実は人間の理解力を超えているのである。真の《ある》にふさわしいのは存在者のみであり、人間は生成したものの《あった》と生成しつつあるものの《あるだろう》の中で、つまり過去と未来の影の範囲で暮らしている。永遠の現在という太陽は人間の背後で輝くのだ。

《時間が生み出されるために、太陽、月およびその他五つの星、いわゆる惑星が、時間の数を区分し維持するために創り出された》。数字の象徴的意味を解読する術をプラトンはピュタゴラスから学んだ。プラトンがピュタゴラスの思弁を天文学に組み入れたのは、天文学者たちが星の軌道を検測する方法を知る以前のことだった。それゆえプラトンは同時代の天文学を批判したのである。人間は宇宙の《時間という道具》、その連動する軌道、速度、数の比率からもっとも速い三つの周期しか利用していない。それは夜と昼を示す恒星層の一回転、一ヶ月を示す月の公転、一年を示す太陽の円軌道である。朔望月や太陽年を加えて複数年で構成される太陰太陽周期を作るにしても、これら三つの周期だけでは暦は不完全にしかならない。時間を表わすもっとも完璧な数字、すなわち暦が完全に一巡する大年は、気が遠くなるような長い年月をかけて、あらゆる星と天球層が公転を完了させた時に初めて達成されることを、死すべき人間は見落としている。この世界紀元は、永遠《アイオン》の似像であるという時間の核心に近づくからこそ、慌しく暦年数を合計するのには役立たない。それゆえ宇宙の記号はわれわれの永遠の理念に注目させるのであり、貧相な日常ではない。《さて昼と夜、月と年の循環、春分と秋分、夏至と冬至をわれわれが目にするからこそ、数字が発見されるのであり、またわれわれが時間の概念を抱いたり、全体の本性を追究したりできたのである》。すなわちそうした現象のおかげで、神々が人類に授けた最大の贈物である哲学への道が開けたのだ(12)。

ギリシア都市の公的生活では、数字と時間の知識は別の理由から高い評価を受けた。いろいろと便利だったのである。大勢の人々が商売や戦争で利を得るために算術、幾何学、天文学を使用した。《月や年といった時間の境界に敏感であることは、農業や航海、ましてや戦術にはおおいに役立ちます》、とある無分別な若者は言った。プラトンはこの若者が儚い現象に見出す楽しみを認めてやる。しかしこれらの学問は分別ある者の眼差しを、生成しつつあるもの・消え行くものから離れて、存在するものへ、純粋な認識へと導く。その模範は工場長としての神、その運動の永遠性であり、その道具は理念的な記号と数字を使う数学である(13)。近寄りがたい二つの分野、宗教と数学のシンボルへと時間を連れ去ることで、プラトンは近代ヨーロッパに至るまでエリート聖職者および学者に霊感を与えるモデルを作り出したのだ。

しかし人間悟性の健全な遊戯は表面的でなければいけなかったのか？　少なくともそれらの遊戯は、この世界の住民のために世界を透き通った見通しのきくものにしてやることはできた。恒星がある一番外側の天球層から中心の大地に至るまで、宇宙が段階的に序列付けられているとすれば、そして宇宙の天球層が明らかにそれぞれ別の規則に従って動いているとすれば、哲学は、言語を絶するものや万物を包括するものについて崇高なイメージを使って語るばかりではいけない。そのうえに、地上で感覚的に知覚できる法則を現実的に分析したり、人間生活の個々の分野に時間と数字が占める位置を研究したりすべきなのだ。

紀元前三三〇年頃、まさにこの課題を後の時代、とりわけ中世にきわめて大きな影響を及ぼす方法で果たしたのが、プラトンの一番弟子にして敵対者であるスタゲイラのアリストテレスだった。彼はプラトンと違い、人間が思想と言語に用いる記号体系が独自の法則を、そしてまた現在を、一つの《ある》をもつことを認めた。公理と判断に関する彼の著書は、ギリシア語の時制に従って時間を区分した。すなわち話者が特定できる現在から出発し、既定の過去を頼りにして、未定の未来を展望する。この文献的かつ心理的な時間にアリストテレスは数字を割り当てなかった。(14)　彼は政治や歴史の時間も同じように扱った。政治に関する彼の著作は国制史の主な段階を二つに分ける。すなわちギリシア人がまだ王を頂き、寡頭制の小集団に分かれて暮らしていた〈それ以前〉の時代と、国家制度が確立され、人口の増加とともに現在の民主主義が受け入れられた〈それ以後〉の時代である。

社会構造と同じ方法で、出来事も相互に関連付けられた。正確に言えば、現在と比較し、一つの視点、すなわちわれわれの視点に当てはめたのである。《トロイア戦争はペルシア戦争より先に起こった、なぜなら前者の方が現在から遠く離れているからである》。一般的にはこうも言えた。《トロイア時代の人間はわれわれより先に生きており、彼らの先祖は彼らよりも先に生きていた》等々。ところが世代の連続性が見渡せないことから、彼らは死を宣告された。《人間が没するのは、始めと終わりを結びつける能力がないためである》。一般的な見解では、死者の生活はわれわれの生活と変わりなく、〈それ以前〉と〈それ以後〉が存在しない循環の中にあると思われていた。

哲学者は普遍的な問題に関心を抱くので、アリストテレスは歴史家、とりわけヘロドトスを批判した。彼らは特殊な事柄のみを記述するからである。詩人は叙事詩人ホメロスのように、トロイア戦争を始め・中間・終わりを有する実際に起こりうる一貫した筋として語った。それにひきかえ、歴史家は、大勢の人間の運命が同時ではあるが互いに無関係に展開される現実の一時期を記述したにすぎない。このような偶然の集積に暦年やオリンピック競技の開催周期に基づいて数字を割り当てることを、アリストテレスは思いつかなかった。[15] 物理的な時間の場合は違う。『自然学』ではこう書いている。《時間とは先と後に関連する運動の数字である》[16]。

観察される対象である自然と、知覚する主体である人間の共通点を、アリストテレスはカテゴリーの基本形式に関する論文で取り上げた。時間と数字はどちらも量のカテゴリーに属し、〈先〉と〈後〉に従って配置される。時間は《その一部が先であり、別の一部が後であることによって》、数字は《一が二より先に、二は三より先に数えられることによって》。アリストテレスは人間と時間の様々な関係を、家を建てる男の比喩でまとめるのをもっとも好んだ。男は家を建てる行為を通じて建築家になる。彼は手元にある材料を明確な目的をもって使用し、あるものが実体と永続性を得られるように、時間が具現化されるようにする。そして時間は男の《発明者および協力者》として男に欠けているものを補うのである。[17]

それでは星辰はどうだろう？　太陽、月、星が規則に従って無限に運行するという点では、アリストテレスはプラトンに同意する。しかしそこから引き出した結論は、そうした運動が人間には一番把握し易い、ということにすぎない。《人は単純で最速の運動を尺度にして運動を測定する。それゆえ天文学ではもっとも規則正しくかつ速い運動として天体の運動を基礎に据え、それを基準にしてその他の運動を判断するのだ》。肝に銘じておかねばならないが、天体は瞬間に等しい最短の尺度を人間に基準として示すが、大年のような最長の尺度は示さない。仔細に観察すれば、天文学の法則も単純さとは程遠いし、人間の知覚にも無数の謎を課す。太陽は規則正しく運行するが、太陽が地面に作る影は長くなる時もあれば短くなる時もある。太陽がもっとも高い位置にある正午に投げかける影はもっとも短い。月は球のように丸いが、半月は真っぷたつに切り落とされたかのように見える。月は太陽より地球に近づくにもかかわらず、月光の作る影の方が太陽より長い。どうしてそうなのか（そして太陽と日時計の間で何が起こるのか）は物理学で説明がつくものの、ギリシア算術の総体にして単位である自然数が秩序づける世界は月にさえ及ばない[18]。

以上三つの提案、すなわち歴史的‐政治的なヘロドトス案、宗教的‐数学的なプラトン案、文献学的‐物理学的なアリストテレス案は、それぞれ人間の習慣、神々の掟、自然の法則といった、均一的な世界の別々の層を等級分けしている限りは相並んで発展した。それらが両立できないことが初めて歴然としたのは、ギリシアの後期文化が当時知られていた人間の住む地域のほぼ全土に広まった時のことである。ギリシア文化は影響を及ぼしたあらゆる基層から、歴史、宗教、知性、経済に関してひどく矛盾する様々な刺激を受けた。そのなかには自然発生した時間分割のもっとも重要な二つのシステムが含まれていた。羊飼いの需要に応じ、段階的に変貌する月の姿に基づくユダヤ暦と、農民の作業に対応し、季節を通じて太陽の〝軌道〟なるものに準拠したエジプト暦である。どちらのシステムでも計時器役の天体は人間が目で見て確認できるが、それは昼よりも夜の方が容易だった。なぜなら月を頼りにする場合、短いスパンは四つの月相を基準に、長いスパンは新月から新月まで約二九・五日ある朔望月を基準にして時間を測定できたからである。それに対して太陽を基準に測る尺度は短すぎるか長すぎた。朝焼けから夕暮れまでの、長さは変動するが慌しく過ぎ行く一日は短すぎるし、春から翌年の春までの約三六五日と四分の一日ある回帰年は長すぎるのである。[19]

細かく分割され、かつスパンの長い時間分割には昼と夜の両方が、天空の明かり二つの共演が必要だった。すでに紀元前二千年期にバビロニアの天文学者たちが、太陽と月を直接連結させようと模索している。紀元前五世紀のペルシア人とギリシア人は、新月が一九太陽年、およそ六九四〇日後にふたたび同じ太陽日に当たることをすでに知っていた。しかし、こうした太陰太陽周期でさえ整数では割り切れないので、朔望月を二九日間の月と三〇日間の月に二分し、一九太陽年中の七年に一三番目の朔望月を加えるという非論理的な補助手段が必要だった。このような複雑化にピュタゴラス - プラトン派の算術は妥協せず、相変わらず整数と簡単な比率で思考したが、アリストテレス派の天文学なら折り合えただろう。

アリストテレス派の天文学は、クニドスのエウドクソスからアレクサンドリアのプトレマイオスに至る五百年間に急激な発展を遂げ、正確な年代算定を独占し、精密な時刻測定器を開発した。天文学は天球層の運動を地上の固定された気候帯に引き降ろし、それゆえに時間を円と線のどちらで解釈するかという二者択一に悩みはしなかった。紀元前三世紀、巧みに工夫を凝らした水時

［図3］アレクサンドリアの機械技師クテシビオスによる水時計、紀元前3世紀。ダニエレ・バルバロが復刻したウィトルウィウスの著作（1566年）に掲載した復元図。浮き、鎖巻き上げ機、導輪桿、（近代のアストロラーベ型時計を模した）文字盤を備えているが、もっとも重要な構成部品である、水流を均等に保つ調整装置が欠けている。

計の発明者であるアレクサンドリアのクテシビオスもまた、太陽の円軌道と地面の影を天文学的‐幾何学的に結びつけ、さらに浮きおよび錘の上下運動を歯車および時針の回転運動と物理的‐技術的にかみ合わせねばならなかった（図3参照）[20]。時間が円でも線でも表現できないことを、ヘロドトスの後継者であるギリシアの歴史家たちは十分に承知していたのである。[21]

見通しのきく空間に根を張り踏みとどまった古代世界の一般人は、短期にせよ長期にせよ、このように人工的に測定された時間感覚ではなく、むしろ七日間という中庸のリズムで暮らした。東西の文化から受けた様々な刺激から生じたこのリズムは、仕事と休みを明快に区分した。一週間という単位は朔望月にも太陽年にも一致せず余りが出るが、主要な七惑星すべての位置と組み合わせることができた。太陽と月に並び、その他の星がますます注目を集めるようになる。たとえば週の開始日を支配し、不幸をもたらす土星に対しては、何もせずに難を避けるのが吉とされた。そこで〈土曜日〉は休日となり、理由はまったく違うがユダヤ教でも土曜日は安息日《サバト》となった。人類の日常生活に及ぼす惑星の影響は、政治的陰謀よりもはるかに強かったのかもしれない。[22]しかしながら、時間の普遍性が初めて表現され、普遍妥当の年代計算と時間測定に置き換えられるには、古代の多神教と多極主義が批判の対象となり、神、自然、人間に関わるあらゆる秩序の統一を人々が至る所で体験し、肯定するようになる時を待たねばならなかった。

Ⅱ　古代ローマにおける世界時間《ヴェルトツァイト》と救済史《ハイルツァイト》

世界と時間を統一するための政治的な条件はローマで整えられた。古代ローマでは、任期一年の公職者と祝祭日のリスト（*Fasti*）を作成し、月の位置に従って朔日《ついたち》（*Kalendae*）を告示し、一年間に起こった重要な出来事を年代記（*Annales*）に記載し、生活体験上もっとも長い期間である約百年の期間（*saeculum*）が過ぎた時にその出来事を祝う行事を開催することが、祭司の義務だった。祭司たちの敬虔で学識ある努力がなければ、われわれが祝祭（*Fest*）、暦（*Kalender*）、年鑑（*Annalen*）、世紀の（*säkular*）出来事を話題にすることはなかっただろう。ところが、ローマ市の歴史の始まりをギリシアのオリンピック競技開催周期に一致させようと試みたものの、この初代王ロムルスの治世一年目についてさえ、司祭たちの意見は一致しなかったのである。

ガイウス・ユリウス・カエサルは紀元前四六年に司祭たちが仲間内で行っていた論争にケリを

つけた。カエサルはエジプト人専門家たちの提案を受け入れて純粋な太陽暦を導入すると、それに必要な諸条件を知的好奇心のある者なら誰にでも公開した。こうしてカエサルは学問の理論を社会での実践に置き換えたばかりか、結果的には時間を支配し、世界帝国ローマの行政を統一できたのである。彼の暦法改革は長い目で見れば世界時間に関するあらゆる理念を統制することとなった。今日〈閏年〉について語る者は〈七月《ユーリ》〉の語を口にする者全員と同じように、いまだにカエサルの名声をおおいに讃えているのである。彼の手本はローマの指導者層にすぐさま影響を及ぼし、指導者たちは時間を正確に守ることが教養と権力の証明になると考え始めた。身分の高いローマ市民は自宅にギリシア風の日時計や水時計を取り付けさせ、奴隷たちに管理させた。ウィトルウィウスの建築術入門書は、この種の様々な時計を設計する方法を建築家たちに教授している。(23)

万民を凌駕する権威を与えられ初代皇帝となったオクタウィアヌス・アウグストゥスはカエサルの伝統を神聖化した。紀元前一七年、新年代の始まりを告げ知らせる百年祭が賑々しく行われてから間もなく、紀元前一〇年にアウグストゥスはローマのカンプス・マルティウスにエジプトのオベリスクを建てた(図4参照)。これは先頃の対エジプト戦勝利とローマ帝国の来るべき平和を寿ぐものだった。石製の巨大な針は吉兆とされたオクタウィアヌスの誕生および太陽神に捧げられ、桁外れに巨大な日時計の指時針となった。広場の地面に格子状に引かれたギリシア語表記の直線は一時間、一日、一月の長さと獣帯記号を示した。この天上の暦と並んで、おそらくラテン語で表記された地上の暦、つまりカエサルの太陽暦を地面から読み取ったと思われる。カンプス・マルティウスに足を踏み入れた者ならば誰でも、ローマ皇帝たちが天と地、東洋と西洋、時間と歴史の起源と展開を互いに結びつけたこと、それにより世界時間が始まったことにいやでも気づかざるをえなかった。

アウグストゥス帝の神格化された思い出に〈八月《アウグストゥス》〉を奉じ、皇帝の日時計として次々とオベリスクを建立しているうちに、ローマはその政治をもはや毎年交代する執政官ばかりか、皇帝の統治期間で年代付けることに慣れてきた。歴史家リウィウスはローマ本来の偉大さを軟弱化した子孫たちに見せつけようと膨大な歴史書『ローマ建国史（*Ab urbe condita libri*）』を著した。彼がローマ史を七百年以上前のローマ市創設から書き起こして以来、歴史家たちもローマ帝国の紀元年を紀元前七五三年、つまりローマ建国（*urbe condita*）の年とすること

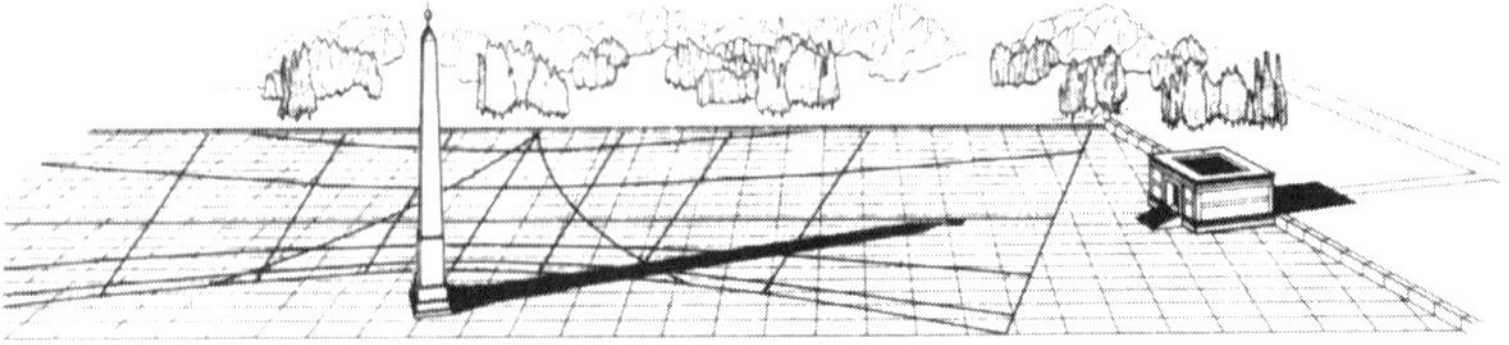

［図4］紀元前10年にアウグストゥスがローマのカンプス・マルティウスに設けた日時計。エドムント・ブーフナーによる復元図（1976年）。オベリスクは全長約35メートル、1980年に一部が発掘された格子は幅が150メートル以上ある。右に見えるのは平和記念の祭壇。

で合意した。八世紀の終わりは紀元四七年に〈間違いなく〉祝われ、千年祭はあまり正確でない二四八年に挙行されたものの、この祭もなかば公式だった。それにもかかわらず、属州の労働日はユリウス暦やアウグストゥス帝の太陽崇拝による変化をまだ蒙っていなかった。そうなるのは、ローマの全領土が統一を政治的に体験するばかりか、一切の世俗的困苦をより強力な光でかき消す天上の力への信仰において宗教的にも統一を肯定する時となろう(24)。

さしあたりローマのカトリック教徒はそのプロセスに何の貢献も果たさなかった。彼らの王国は現世になかったのである。彼らは救世主の磔刑と復活を礼拝の焦点、時代感覚の起点と見なし、そして約束通り復活したキリストが再来する時を終点と呼んだ。始まりの日付を暦で特定する作業は、古代の年代計算法が多様なために最初から困難だったが、後にはローマの国家的崇拝への反感から難航した。アウグストゥス帝の時代にイエスは誕生し（「ルカによる福音書」二章一節）、ティベリウス帝の統治第一五年に洗礼を受け（同三章一節）、おそらくその三年後に磔刑に処された。自分こそが昼夜回転を続ける宇宙の中心だと見なしたネロもまたローマ皇帝であり、その統治期間中に使徒パウロは迫害を受けた（「使徒言行録」二五章二一節）。ローマの皇帝時代はキリスト教徒の敵対者たちに味方したが、当初キリスト教徒たちはそれもたちまち克服できるものと信じていた（「ガラテヤの信徒への手紙」四章一〇節）。

四世紀にローマ帝国でキリスト教が政治的な勝利を収めても、世界時間の引継ぎは容易にはならなかった。今度はまったく異質な世界像に由来する三つの時間体系を融合させねばならなかったのである。すなわち、新年から始まる太陽暦というカエサルの制度、春の最初の満月に挙行されるユダヤ教の過越しの祭、キリストの復活日である日曜を週の開始日とする体系である。月の軌道と太陽の位置、週日と一年のサイクルが両立しないことから、誰もが納得する解決は不可能だった。要となる日時を決定し施行することは、カエサル以来暦が抱える問題となったもの、すなわち権力の問題であり続けた。

コンスタンティヌス大帝が三二一年に日曜を休息と礼拝の日に定めた時、大帝は実質的にはまだローマの太陽崇拝の方針に留まっていた。この決定により、大帝はローマの土星の日およびユダヤの安息日《サバト》を一週間の開始日の座から追い払ったのである。そして三二五年、大帝と公会議はニカイアで信条を統一すると共に、ローマの全領土に統一された復活祭を浸透させようと図った。ユダヤの習慣に対する明確な攻撃の姿勢を示したわけだが、これは後代が思うほど決然とした態度ではなかった。なぜなら初期キリスト教の信仰心厚い思想家たちが時間を具体化する一切の試みに反抗していたからであり、この点はプラトンとほぼ同じなのだが、しかし彼らは具体的な数字にも極めて深い嫌悪感を抱いていた。暦による秩序を彼らはほとんど重視しなかった。長期向けの計算は、神の計画に割り込む詮索好きの天文学者を増長させ易かったし、短期向けの測定は、瞬間が自由に扱えると人間に錯覚させるように思われた。計算や測定ができるのは世俗の取るに足らない物事のみであり、神がそれぞれの人間に割り当てた寿命は計算できないし、キリストの再来まで教会に残された救済への時間はなおさらである。思想家たちは *computus*〔計算〕というラテン語に関して意見が分かれていたのだ。[25]

古典古代後期になり、もはやローマの政治介入では世界を抑えきれず、もはや執政官の在任期間や皇帝の統治期間により年代を正確に示さなくなった頃になって、ようやくこの言葉は非キリスト教徒のローマ人をも魅了するようになった。すでにローマ人は *computare*〈合計する、指で数える〉という動詞をもっていた。これはローマ数字が人間の手の指を模して作られたことを連想させた。この動詞は *numerare*〈配分する、数える〉と並んで使われた。後に計算玉を扱うことを表す言葉 *calculare*〈数字を使い計算する〉が加わった。名詞化された語 *numeratio* は〈現金払い〉の概念に限定されたままだった。それに対して同じく名詞化された *computatio*、後には *calculatio* も、数学用語の〈総計〉や経済用語の〈見積もり〉から社会での〈評定〉や道徳的な〈評価〉に至る広大な意味の場〔相互に密接な関係にある語の集まり〕を占めた。この二つの表現はローマの司法官たちお気に入りの言葉となり、共同生活の調和ある秩序におあつらえ向きだった。[26] *numerus* と類似した方法で作られた独自の単語 *computus* は紀元三世紀に初めて登場したと思われるが、*computatio* と同じ意味を表わす限りは余分な言葉だった。一般に受け入れられたのは、四世紀に別の意味を表わすようになってからのことである。[27]

この言葉を仰々しく導入したのは、紀元三三五年にシチリアで天文学の教科書を著したユリウス・フィルミクス・マテルヌスだった。《天の炎から噴出し、導き司るために地上の壊れ易いものへと流れ込んだのと同じ聖霊が、われわれにこの学問、すなわち計算（*computi*）を授けたのである。その聖霊はわれわれに太陽、月、そしてわれわれが遊星と呼びギリシア人が惑星と呼ぶその他の星々について、その軌道、帰路、宮、合〔惑星と太陽とが黄経を等しくする時〕、盈虚《えいきょ》〔月の満ち欠け〕、出と入を示してくれたのだ》。こうして*computus*は、一般的に〈支払い〉や〈評価〉を意味する*computatio*とは違い、特に〈算定および観測された惑星軌道の天文学的な解釈〉を意味するようになった。天文学は神々の意志と人間の運命の間に、アリストテレスやプラトンが考えていたよりも確固たる暦の架け橋を築き、計算者とその同胞にどのような事態が降りかかるかを明らかにしたのである。(28)

この点でキリスト教徒と異教徒の間に深淵が口を開く。異教徒の占星術には、ダルマチアの人ヒエロニュムスが三八三年に着手したラテン語訳聖書の文章三つを対置するだけでよかった。忍耐の人ヨブは自分の生まれた日を呪う時にこう言った。《年の日々に加えられず月の一日に数えられることのないように（*Non computetur in diebus anni, nec numeretur in mensibus*）》（「ヨブ記」三章六節）。これは不遜な願いだった。なぜならわれわれはソロモンの知恵が伝えるように《われわれはあなたのものであると知っている（*scimus quoniam apud te sumus computati*）》（「ソロモンの知恵」一五章二節）からである。神は深い考えがあって万民にそれぞれの運命を背負わせているのであり、われわれは一人一人が神に責任を負うのだ。賢人ならば黙示録の獣の数字六六六の謎を解いても〔computet〕よいが、だがそれは難しい（「ヨハネの黙示録」一三章一八節）。ヒエロニュムスが天文学用語 *computus* を口にすることはなかった。三八一年に彼の年代記がカエサリアのエウセビオスを手がかりに歴史的な出来事の経過を年代付け、聖書に記された日付を頼りに、すなわち〈モーセから……ソロモンまで……年数を計算して〔*computantur*〕〉神の天地創造まで遡った際には、彼はさらに控え目に振舞った。しかしながらヒエロニュムスは――この点でヘロドトスの弟子なのだが――そうした歴史の様々な時期を連続した世界年代に並べはしなかった。そこが同時代の幾人かのユダヤ人と違う点であり、ユダヤの寄る辺ない信仰は四千年以上の長い年月に庇護を求めたのである。[29]

紀元四〇〇年頃、アフリカのアウグスティヌスは著書『告白』のもっとも有名な章で、時間と数字に関するキリスト教の理解をさらに根本的に記述した。彼はアリストテレスのカテゴリーを天地の創造者に応用することに全般的に反対した。とりわけ時間と数字を混合することは具現化であるとして拒絶する。《過去をありのままに語る時、事物そのものを記憶から取り出すのではなく――それらは過ぎ去ったのだから――、事物が通り抜ける際に感覚によって精神の中にいわば痕跡として刻まれたイメージから創られた言葉のみを取り出すのである》[30]。言語が時制を三分割することにも同意しない。《本来は、過去、現在、未来と三つの時間があるなどとは言えない。

むしろ正確には、以下のような時間が三つあると言うべきである。すなわち過去のものの現在、現在のものの現在、未来のものの現在である》。このように偏在する神のかすかな反射でも、人間の人格は被造物に特有の成行きを辿ることを免れた。アウグスティヌスは〈記憶〉〈瞬間〉〈期待〉という時間の三局面を物理的、身体的なものには見出さなかった。《なぜならこれらの時間はいわば三つのものとして魂の中にあり、それ以外のところには私には見えないからである》。

アウグスティヌスは人間の時間に対する関係をアリストテレスよりも美術的なイメージで、すなわち歌を魂から取り出し、自分自身を時間の中に投影する歌手のイメージで捉えた。そうした時間をどのように測定するかを考慮する際に、《太陽、月、星の運動そのものが時間である》とする仮定の寿命は短すぎた。天体が時間を特定する記号として役立つとすれば、天体は記号が示す対象そのものではありえない。心理的時間も物理的時間も被造物にのみ関わるのだから、アウグスティヌスは創造主にこう問いかける。《時間とは物体の運動である、と誰かが言えば、それに同意せよと神は命ぜられるのですか。神はそのようなことはお命じになりません》[31]。フィルミクス・マテルヌスは同意するよう推奨した。それに対してアウグスティヌスは四〇四年にマニ教駁論書で、感覚的な体験の記号や数学的な抽象概念の記号より確実な記号、すなわち神の言葉を掲げた。《福音書には、聖霊が汝らに日と月の歩みについて教えるように、汝らに聖霊を送ってやろう、と神が言われたなどとは書いていない。神が作ろうと思われたのはキリスト教徒であり、数学者ではないのだ》。[32]

それにもかかわらず、敬虔な信者たちは数字をきっかけに神の創造の不思議に注意を向けた。四一三年以降の『神の国』に関する著作でアウグスティヌスは天地創造の六日間について、まるでプラトンのようなコメントを加えた。六という数字は算術上完璧であり、約数の合計数から成り立つ最初の数である。すなわち、六分の一である一、三分の一である二、二分の一である三を足せば六となるのだ、と。《あなたはすべてを測り、数え、計量して整えられたのである、とは徒に神を讃えた言葉ではない》。神に背いた世界における世俗的な事柄の展開については、アウグスティヌスはもっと懐疑的に見ていた。一〇回のキリスト教徒迫害を数の象徴学により解釈する者がいれば、アウグスティヌスは彼らの無駄な努力を*computare*や*calucular*e、つまり〈指での計算〉と呼んだ。われわれ被造物にとって歴史の方程式とは、現世という嘆きの谷を通り過ぎた時に初めて解けるものである。彼岸でわれわれは永遠の安息を見出すだろう。その七という数において、天地創造の六日間、われわれが共に現世を遍歴する六つの時代、人間一人一人の六つの年齢期が完成される。[33] それまでは信仰を胸に神の掟を追感するのみであり、計算で先取りはできない。アウグスティヌスが四一九年にしたためた書簡で論じているように、世界の終焉の時点はわれわれには隠されたままである。イエスが磔刑に処された際に生じた日蝕も一つの奇跡だった。それは、ユダヤ人が満月時に行う感謝祭のまさに直前に起こった。天文学者（*astrologi*）や星の計算者（*computatores siderum*）はその暦算法（*computus*）をもってしても満月時の日蝕は予想できなかった。しかし神は時間と数字の主人である。それゆえ暦算という言葉には冒瀆の気配が感じられた。(34)

五〇〇年頃、キリスト教徒ボエティウスは数学のもっとも重要なラテン語教科書『算術教程』で、アウグスティヌスよりは控え目にせよ同じ意味で、そしてプラトンとほぼ同じ意見でこう語った。《物事本来の性質が組み合われされたものがすべて理性的な数字に従い成形されているのは明らかである。これが原初の雛型として創造主の考えにあった。四大元素の多様性はそこから借用されたのであり、季節の移り変わり、星々の動き、天の回転もそこから借用されたのである》。アリストテレスが理解していたような人間の学問は、根源たる神から隔てられており、その結果として両者は互いにも離れている。数学はそれ自体で確定した数量を扱い、天文学は、時間とともに過ぎ行くのではなく、循環する数値を扱う。算術と天文学は年代計算法ではないのだから、暦算法《コンプトゥス》という言葉は場違いだろう。(35) 幾何学と同じく音楽も自然数同士の比率から説明されるが、前者は測地の際にもっぱら現世的な諸関係を露わにするのに対して、後者の解釈する能力は音楽を天へと引き揚げる。音楽の響きとリズムは天球層の調和と季節の輪舞を模倣している。しかし、ボエティウスは音楽理論の教科書『音楽教程』でさえ、一般的な動詞 *computare* を〈計算する〉の意味で使うだけで、固有名詞 *computus* は使わなかった。(36) もしそのままだったとすれば、中世は決して暦算法《コンプトゥス》の時代にはならなかったことだろう。

III　中世初期における復活祭周期と定時課

数字の知識のおかげで人間は、可能性にすぎない未来に向けてではなく、確固たる過去に基づいて現世での生活を秩序付けることができるようになった。五二五年、スキティア出身の大修道院長ディオニュシウス・エクシグウスはローマ教皇の依頼で、翌年の復活祭日を算定することになった。これはそれまでアレクサンドリアの学者たちの仕事だったが、彼らがギリシア語で書いた書物がラテン語に翻訳されたのである。この学者たちは、年代計算法がカエサル時代と同じくいまだに高位司祭や専門学者の秘術であるかのように、聖復活祭日の計算《サンクテ・パスケ・コンポトゥム》を威厳あるものと見なしていた。[37] ディオニュシウスはそうしたギリシア人の傲慢ぶりを批判した。彼は主の復活祭日（*dominicum pascha*）と計算された月の軌道（*lunae computus*）をきっぱりと区別した。復活祭を計算する規則は《俗界の知識よりも聖霊を介した啓示から》生まれるのである。キリスト教徒の時間意識が自然界の記号や習得された方法を基準とするのは副次的な出来事にすぎない。俗世の期日を社会的に統一する問題でも、ディオニュシウスは同じように容赦なく批判した。彼はローマ皇帝の統治期間を、とりわけ極悪非道のキリスト教徒迫害者ディオクレティアヌスの即位紀元を基準に暦年を決定する政治的な習慣を非とした。その代わりにディオニュシウスは復活祭暦表を、〈主が我らのイエス・キリストにおいて顕現して以来の（*ab incarnatione domini nostri jesu Christi*）〉受肉紀元に関連付けた。なぜなら毎年繰り返し訪れる祝祭日が記念する対象は、我らが主の受肉、我らの救済という重要な出来事、我らが希望の根源だからである[38]。

キリストが時間を統べるのであれば、キリスト教徒はキリストの比類なき現世での存在を彼ら自身の螺旋状の時間の中に取り入れることが許された。ディオニュシウスは一九年のメトン周期五回分、つまり紀元五三二年から六二六年に至る復活祭の日曜日を事前に計算したばかりか、それに付随するおおまかな法則を用いてキリスト教の主たる祝祭日を五二五年遡ったキリスト誕生にも関連付け、さらに独自の標示番号を有するオリエントの月周期、閏日を有するローマの太陽年にまで関連付けたのである（図5参照）。これによって西洋世界は長期の時間枠に関する古典古代の知識を手頃に使えるよう準備したことになり、それ以降の研究は無用となった。これからは、教会暦の日付は暦表で調べさえすればよいのであり、それまでのように毎年事前に計算する必要はないのである。他にどのような目的があっただろう？　暦で肝心なのは、苦労多く息を切らし

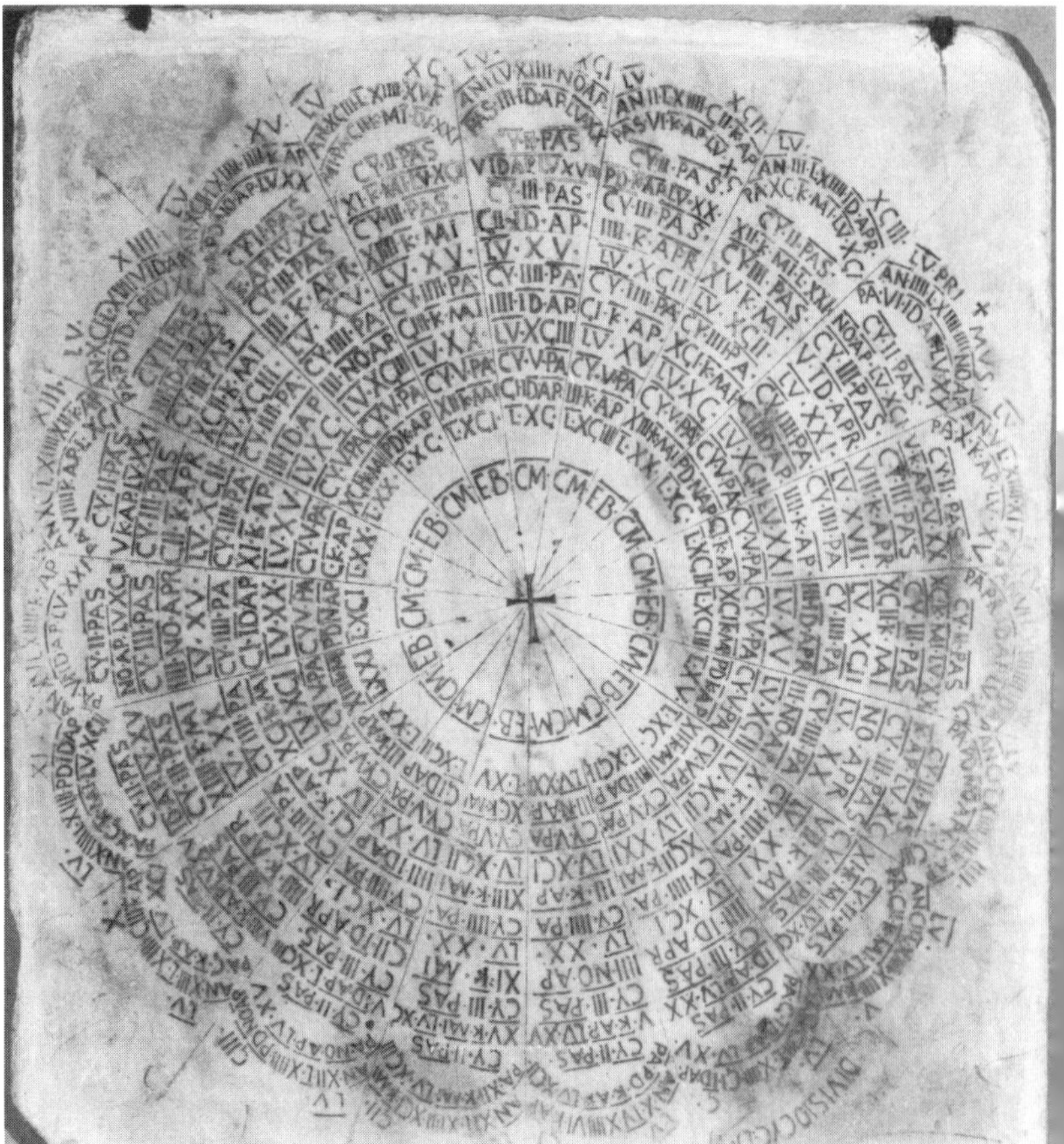

［図5］ディオニュシウス・エクシグウスの復活祭周期表、大理石板、6世紀、ラヴェンナ、ラヴェンナ大司教博物館収蔵。532年から626年までの5回分の19年周期（CY.IからV）、春期朔望月の中間日（L.XIIII）と復活祭（PAS.）の暦日、その際の月齢（LU.XVからXXI、ÇはVIを表す）。中央の輪の標示記号は平年（CM.）あるいは閏年（EB.）。〔図右上の十字架が記された枠が起点（532年）。〕

て働く平日ではなく復活の祝祭日であり、天と地、自然と歴史が歓声をあげながら一体となる終わりなき祝祭だったのだ。

生活を共にする人々のサークル内で儚い瞬間を利用しつくすよりも、不滅の魂を創造主とふたたび一体化させたいと願う信者たちは、世俗のローマ帝国でウィトルウィウス以来日時計と水時計により入念に測定されてきた一刻一刻を軽視する傾向があった。この一時間という単位がまさにキリスト教徒にとって決定的な意味をもつようになったのは、イタリアの大修道院長ヌルシアのベネディクトゥスが五四〇年頃に執筆した修道会戒律と、それに基づく時間割表のおかげである。そもそも修道院長の命令があれば、つねに共同生活を送っている修道士たちは素早く礼拝や労働のために集合するはずなのだが、ベネディクトゥスはその礼拝計画を修道院長の恣意に委ねはしなかった。修道院内の居住者たちには戒律の一部を毎日読み聞かせねばならないので、礼拝が〈規則的に〉行われているかを誰もが日時計や水時計で検証できるようになっていた。日時計や水時計には院内での厳格な時間規律を遵守する役割ばかりか、要求する役割もあった。そのようなことは前代未聞だった。

当然ベネディクトゥスは教会暦年の主要祝祭日を強調したが、平日も無視してはいない。毎日行う共唱祈禱のために、彼はローマ時代後期に使われた太陽日の主な三回の区切りを選んだ。すなわち公衆にも告知された軍の歩哨の交代時間であり、それは午前の三時間目（三時課《テルティア》〔九時頃〕）、昼間の六時間目（六時課《セクスタ》〔一二時頃〕）、午後の九時間目（九時課《ノーナ》〔一五時頃〕）である。それに加えて、告知せずとも誰にでも分かる四回の祈禱の時間、すなわち日の出（一時課《プリマ》〔六時頃〕）と日の入（晩課《ウェスペラ》〔一七時頃〕）、最初の曙光が見えた頃（朝課《マトゥティヌム》〔零時から二時頃〕）と夜の帳が完全に降りた頃（終課《コンプレトリウム》〔一八時と二〇時の間〕）である。そのうえ、毎平日のこの七つの時間に祈禱すべき聖歌も一つ一つ詳しく事前に定められていたので、それぞれの定時課にかかる時間も前もって予想できた。

ベネディクトゥスは起床時間、食事時間、手仕事の時間、休憩時間も太陽年の四季ごとにずらしながら厳格に定めている。《冬の季節、すなわち一一月一日（*a Kalendis Novembris*）から復活祭まで、修道士は普段の計算で夜の第八時までに起床すべし……》。《復活祭から一〇月一日まで（*usque Kalendas Octubres*）、修道士は朝早く床から出て、一時課の後から第四時までは必要な作業を行い、第四時から六時課までは朗読の時間とする。第六時以後は食事を終えたならば、沈黙を守りながらそれぞれの床で休むべし……九時課の祈禱は第八時の半ばに早め、その後は晩課までふたたび自分の作業を行うべし》。

この戒律が、修道士たちに宗教的法悦に浸る暇を与えず、むしろローマ時代の市民的な暦を強制するのは何故だろう。世界支配ではなく自己克服、これがベネディクトゥスのスローガンだったからだ。《怠惰は魂の敵である》。手仕事に従事するのは無為から生じる憂鬱を払拭するためであり、決して修道院の富を増やすためではない。《悪行から身を清めるために、われわれの寿命は猶予期間の分だけ延長されるのである》。戒律による秩序に集団で服従すれば、修道士は感情や欲望を押し殺す超人めいた重荷を負わされることなく、あまりにも人間的な弱点を克服できたのだ。東洋の禁欲主義者たちは六時課（*Sext*）の祈禱後に昼の休憩を挟まなかった――その一方でせっかちなヨーロッパがシエスタ（*Siesta*）の由来と目的を忘れて久しい[39]。

　こうした人間味ある規則は俗人の世俗的な日常生活も神聖化したのではないだろうか。ボエティウスやディオニュシウスの同輩で彼らより長生きしたカッシオドルスは、五五〇年頃に算術を基礎的な学問として称賛した。その時の言葉からは現在への賛美が喜びに満ちて響き、それは古代ギリシアの学問信仰が復活したかのようである。《われわれは生涯の大半をこの学問に導かれて暮らすよう定められてもいる。われわれがこの学問を介して時を学び、月の巡りを算出し、回帰する年の間隔を知る時、われわれは数を介して教えを受け、混乱から守られるのである。世界から計算《コンポトゥス》を奪えば、すべてが無知蒙昧に陥る。計量する術を知らない人間（*qui calculi non intelligit quantitatem*）は、それ以外の生物と区別がつかない》。天文学が行うのは時間測定用のつまらない下準備のみである。天文学は人間が《時間の間隔を把握し、復活祭の日を特定するために月の軌道を観察し》、さらに様々な季節に天候を予測し、日時計（*horologia*）を気候帯にあわせて正しく設置するのに役立つ程度である[40]。しかし計算《コンポトゥス》は途轍もない混乱の只中での教養ある思慮のシンボルとなったのである。

それにもかかわらず時計は大いに尊敬を集めた。だがギリシア人の研究の成果や、世界を統べるローマ人の階級章としてではなく、神の示す数の奇跡を証明する手段として、神の僕たちの時間割を補助する手段としてである。中世初期を通じて、カッシオドルスが修道士たちのために記した文章はおおいに畏敬の念をもって読まれた。《私たちはあなたがたを時間の測定（*horarum moduli*）について無知のままにしておきたくない。ご存知のようにそれは人間におおいに役立つべく考案されたのである。そういうわけで私はあなたがたのために二つの時計を作らせた。日光を糧とする計時器（*horologium*）と昼夜を問わず時の数を示す水時計（*aquatile*）である。なぜなら太陽が僅かしか照らない日もあるからで、そのような場合は、天から撒かれた日光の力が果たせないことを、水が地上で見事に果たすのである。このようにして人間の技は性質上分かたれたものを仲むつまじく作用させてきた。あたかも使者が仲介して示す時刻を相互に調整するかのように、どちらの時計も均一に正確に進む。それらは、響き渡るラッパの音のごとく神の戦士たちにもっとも確実な合図を送り、礼拝へと召集するために備え付けられているのだ》。ウィトルウィウスとは違い、カッシオドルスはそうした日時計と水時計の構造は教えなかった。そのため弟子たちは時計を正常に動かし続ける方法をたちまち忘れてしまった。もちろんキリスト教の修道士は計時器など修繕せずに、学術書を研究すべきだろう。なぜなら修道士は、軍隊のラッパ手や町の時計屋などよりはるかに高邁な義務を担っているのだから。

かつてカッシオドルスは五〇七年のボエティウス宛書簡で、ホロロギウム（*horologium*）――昼は日時計、夜は水時計――を使った時間の測定を極めて文明的な偉業と見なしたことがある。それは蛮族がローマの時計に驚嘆したからである。しかし今の彼は技術的な巧みさの代わりに数学的な機知を評価する。時間計算は時間測定以上に人間の威厳を守るのだ[41]。なぜならウィウァリウム修道院でカッシオドルスの周りに集う修道士たちは時間を計算しながら、計時器では分からないことを学べたからだ。それはすなわち、日常の出来事に人間性を与え、救済史を現前化させることだった。崩壊しつつあるローマ世界の只中でキリスト教の平信徒が讃美歌を歌い、日曜日ごとに聖餐を、復活祭のたびに神の復活を共に祝う際、決して勝手気ままに日を決めてはならず、神が定めた暦日を再度確認せねばならなかったのである。

カッシオドルスを中心とするグループから、『復活祭の計算《コンプトゥス・パスカリス》』という綱領的なタイトルを付した最初の文書が誕生した。同書は五六二年に刊行されている。今では復活祭と年代計算はすでに深い関係にあった。これ以降 *computus* は〈復活祭の計算〉、つまり計算方法および計算に関する教科書の両方を意味するようになる。このラテン語による最初期の手引書が扱うのは復活祭のみではない。ディオニュシウス・エクシグウスの年代序列をも受け継ぎ、冒頭には以下のような指示がある。《我らが主イエス・キリストの受肉から数えて何年目であるかを知りたければ、三六に一五を掛けて計算せよ（*computa*）……》。この掛け算の結果も同じく *computus* と呼ばれた。中心点、すなわちキリスト誕生と復活の時点を知っていれば、それ以降当日に至るまで流れ去った時間を指で数えて確認できたからである。一方でカッシオドルスの時間に関する地平は著しく縮小される。彼は将来の復活祭を示す暦表は断念した。その代わりにディオニュシウスの用いたおおまかな法則をアップデートして、平日、週日、一ヶ月の期間、一年の始まりにも応用できるよう拡張した。世俗的な現在の価値を認めるには代償が必要であり、知的な距離と概観を犠牲にせねばならなかったのだ。[42]

このように時間を数字で表現することに対して、教皇グレゴリウス一世は五九二年と五九三年の説教で異議を唱えた。六という数が完璧なのは算術的な根拠からではなく、神が六日目に天地創造を終えたことのみが理由である。現世の知恵による思弁では秘密を捉えそこなう。秘密を捉えられるのは、己の魂を永遠なるものへと高める者の暦算法《コンプトゥス》のみである、と。大事にせよ小事にせよ、事物を一つ一つ数えることではなく、数字の寓意的な解釈が天上への道を示すのである。[43]世界は神の御心のままに五つの時代を経てその道を歩む。人間は幼年期から老年期に至る五つの年齢期を経てその生涯を過ごす。人間は一日を早朝から夜更けの五つに分割する。だがそこからは算術の方程式など出てこない。聖書に記されたぶどう園の比喩は、天上の報いは地上の労働時間では測れないことを示している。年代計算は愚かな行為だ。馬鹿げた時間測定から離れられないのだから。[44]

ところがキリスト教に改宗したばかりのケルト人とゲルマン人は目に見える記しを求めた。信仰の主たる祝祭が神の奇跡を通じて告知できれば一番望ましいところだ。四四四年以来、洗礼盤の水がひとりでに満たされるという奇跡がラテン語文献の中を幽霊のように彷徨っていた。それが五七七年と五九〇年にスペインで実際に起こると、ローマ人の司教トゥールのグレゴリウスには自分が復活祭日を正確に定めたことの裏付けに思えた。自分も当惑している〈復活祭の疑問《ドゥビエタス・パスカエ》〉をディオニュシウスの法則で説明することが、彼にはどうしてもできなかった。南ガリア出身の奴隷でさえ計算術（*ars calculi*）を完全にマスターできたことが、彼には大変な驚きだった。〈この世の年数計算（*subputatio huius mundi*）〉の際も、グレゴリウスはヒエロニュムスの年代記を頼りにせざるを得ず、算術のささやかな知識を駆使してヒエロニュムスの時代から自分の時代に至るまでの年数を苦労して数えた。

この中世最初の重要な歴史記述家が世界紀元の年数を数え合わせると、天地創造からキリストの復活までが五一八四年間であると判明し、そこからフランク王ヒルデベルト二世の在位第一九年目までが六〇九年間と算定された。彼の計算は前半より後半に間違いがあり、グレゴリウスがその文章を書いたのは最初の復活祭から六〇九年後などではなく、キリスト誕生から五九四年後だった。命短い人間には自然の時間でさえ全体は見通せなかった。歴史家グレゴリウスは、自分の生存中にトゥール周辺で起こった出来事を年毎に選び集めるのにも十分苦労した。彼が人祖の創造から自分の時代に至る全ての年数を一続きに数える（*cunctam annorum congeriem computare*）試みをした時、この古フランク族版のヘロドトスは〈計算する〉よりも〈物語る〉ことを考えていたのであり、同じ時代に生きる人々の驚くべき体験について気まぐれかつ魅力的に語ったのである。[45]

礼拝時間と同じほど圧倒的だったのが自然の時間で、古代人が（ヘロドトス以来）熱狂した世界の七不思議よりも驚異的だった。神の奇跡としての時間についてはグレゴリウスが五八〇年頃に小冊子を書いている。まず最初に、干潮と満潮が毎日繰り返されること、植物や木々が毎年生長することを讃え、それから大地に光と熱を授ける太陽が毎日昇ること、月が毎月満ちては欠けること、天を横切る星々の軌道が月ごとに変わるものもあれば一年間変わらないものもあることを褒めたたえる。神の御業に対してキリスト教徒は、知ったかぶりではなく神の賛美で応えるべきである。《私はこの本で天文学や未来学を教えるのではなく、星々の巡りを分別をもって神への賛美で満たすよう促すのみである。この務めを注意深く果たそうと思う者は、夜間のどの時刻に起きて神に呼びかければよいかを知る必要がある》。

それまでは夜間に時刻を特定することが困難なため、世俗司祭たちはベネディクトゥス戒律の定める定時課をすべては果たせなかった。少なくとも空が完全に雲で覆われていない限り、日中はカッシオドルスの日時計が時を示した。グレゴリウスは古い書物から二つの事柄を読み取るだけでよかった。第一に、時間を測定する尺度は異なるものが二つあるということである。直に観測できる一般的な尺度は、日の出から日の入までの太陽日を一二等分した時間であり、この場合夏の一時間は冬の一時間よりも長くなった。これは不定時法と呼ばれた。もう一つの時間尺度は、恒星の天球層が一昼夜かけて動く時間を二四等分するものであり、これは平分時法と呼ばれた。これは高緯度の地域では年に二回の昼夜平分時にしか観測できないからであり、それ以外の日は計算を行わねばならない。これがグレゴリウスが学んだ一番目の事柄である。二番目の事柄は、彼の在住地トゥールに関連した換算の公式である。ガリアの気候帯では（正確にはさらに南なのだが）、暦月によって異なるものの、太陽は平分時法で九〜一五時間照っている。それを一二等分して端数を切り上げれば、不定時法で一時間のおおまかな長さが調べられるので、それに合わせて日時計を調整すればよいのである。

しかし夜間はどうするのか？　仲間の修道士が夜間に共唱祈禱の合図を送ってくれないのであれば、月光の長さしか頼りにできず、それも分数の計算法を知っていればの話だ。フランク人はカッシオドルスの水時計よりも質素だが信頼できる計時器を必要とした。カッシオドルスの水時計は水流をつねに修正する必要があり、導管が細いのですぐに詰まったり凍ったりしたのだ。そして最終的には、直線で時刻を示すこれらの時計もまた、星々の円運動を基準にして測定するしかなかった。グレゴリウスは、有名な星座が地平線から現れてから消えるまでの時間を数ヶ月にわたり正確に観察し、それに基づいて夜間の時課を行う時刻を不定時法の時間に換算し、それぞれの時課に幾つの聖歌を読み上げるのが適切であるかを示した。太陽日の長さが南の土地ではトゥールより安定していること、トゥール以外には大熊座が決して地平線上に現れない土地もあることについては、グレゴリウスは指摘する価値なしと判断した。世界の至る所でわれわれの住む国々と同じように断片的な姿を人間に示しているにもかかわらず、時間は世界の不思議であったし、これからもそうであり続ける。(46)

Ⅳ　七、八世紀における世界年代と人生の日々

民族大移動が終わった結果、ヨーロッパではそれ以前よりも落ち着いた建設の局面が始まり、ゲルマン民族も比較的長期に及ぶ時間に馴染むようになった。永遠の創造主の奇跡はいまだに死すべき運命の者たちの自由にはならなかったが、暦に関する公式の方は別で、ローマ人キリスト教徒たちの教室で習得すべきものとなった。六三〇年頃にセビリャのイシドルスがそれらの公式を蒐集する。彼はカッシオドルスの言葉をほぼそのまま繰り返し、さらにこう付け加えて強化した。《事物から数字を取り去れば、万物が崩壊する》。このようにしてイシドルスは中世初期の人々に、世界の成行きと人間精神の鎹《かすがい》である暦算法《コンプトゥス》への深い畏敬の念を教えこんだのである。彼はまた日時計《ホロロギア》を軽視することも肝に銘じさせ、そうした時間測定用の計時器を鎖や鍵のような道具類と同等に見なした。(47)

イシドルスにおいて *computare* という動詞は単に〈加える〉〈乗じる〉の意味しか持ち得なかったものの、普遍的な年代計算に専心する者は、小石の数や文字数など細かい数を拾い集める計《カル》算者《クラトル》のようなつまらぬ存在をはるかに凌駕していた。時間の最小単位である瞬間《モメントゥム》を研究する者は星々の運動を参照するよう指示を授けられた。なぜならその運動は、地上では必要としない瞬間の単位で測定されたからである（これは微かにアリストテレスの学説を思わせ、また神が定めた時《モメンタ》は人間の知るところではないと説く「使徒言行録」一章七節を強く連想させる）。瞬間から出発して、すべての惑星が《きわめて多数の太陽年を経て》ふたたび元の位置へ戻るプラトンの大年に至る。それにもかかわらず、われわれの理解する限りで神の計算は、人間が指で表現できるのと同じ一桁の数字で成立している。アウグスティヌスやグレゴリウス一世のような条件をまったく示さずに、イシドルスは神が天地創造に要した六日間、世界の六時代、人生の六年齢期を組み合わせ、それに従い歴史的な年代の順序を分割した。完全と総合を示す数は七である。アウグスティヌス同様にイシドルスもそれを神の数字と定め、復活祭の計算で例証した。いずれにしても自然サイクルは人間には干渉できない閉じられた制御系だった。季節そのものが四季（*tempora*）それぞれの状況に応じて名付けられて、そこでは湿と乾、熱と冷の対立が適度な均衡（*communionis temperamentum*）を保っている。[48] それにもかかわらずイシドルスは無限を示す数の象徴を、地上の歴史を示す計算公式へと変えた。彼は民族の指導者たちが生きて統治した年数をその基本単位と見なしたのである。

七世紀半ばのアイルランドでは、聖クミアヌスの周囲にいた無名の聖職者がイシドルスから刺激を受けて、同国最古の『暦算法《コンプトゥス》』を執筆した。彼はこの言葉について熟考を重ねたが、自分では *compotus* と綴っていたために、語源の動詞 *computare* とは関係付けられなかった。その代わりに思いついたのが *compos*〈部分に分かれていること〉である。そうすれば、ラテン語の *compos* あるいは *compotus* は *numerus* と同じ意味、すなわち一般に数字による分割の意となり、これはヘブライ語、エジプト語、ギリシア語など世界の言語すべてに似た語があった。もっともこの学問の一般的な方法論は、数えること（*numeratio*）しかなかったのだが。その特別な目的は復活祭日を特定するために太陽と月の軌道を研究することだった。これは聖なる言葉を使う世界三大民族、すなわちヘブライ人、ギリシア人、ラテン語使用者がそれぞれ異なる方法で解決した問題である。アイルランドの学者たちがこのテーマを熱心に取り上げたのは、それが複雑で議論の的になっていたからだ[49]。

フランク人はトゥールのグレゴリウスを見習い、さらに具体的に現在向けに応用した。六六〇年頃に世界とフランク民族の六四二年までの歴史を書いた、いわゆるフレーデガルは年代計算（*supputatio*）を検証せずにヒエロニュムスやグレゴリウスからそのまま引き継いだが、イシドルスの作品を利用しながらも暦算学礼賛には同意しなかった。それどころか彼のすでに半ばロマンス語化したラテン語は、ヒエロニュムスの年代記が聖書に登場するサムソンの英雄的行為を古典古代のヘラクレスの英雄的行為に喩えている箇所で、動詞 *comparare* を意図的に *compotare* に置き換えた。〈勘定に入る〉もの、〈物語る〉価値のあるものは人間の断固たる行為であり、揺れ動く時間の経過ではないのである。(50)

しかし、それもまた現在にとって実り豊かなものにすることが可能だった。六七八年、ある聖職者が不器用なラテン語で、当時のメロヴィング朝の王テウデリク三世の統治第三年目から世界の始まりである楽園の時代までを、ヒエロニュムス年代記に示された年数を用いて計算し、この覚書を大袈裟に〈世界の始めからの年代計算(*compotum annorum ab inicio mundi*)〉と呼んだのである。(51)暫く後の七二七年にはメロヴィング朝時代のある学者がアイルランドの『暦算法』に鼓舞されて、時代特定を表すラテン語の語彙を古代の主要言語から大量に導き出した。ただしアイルランド人聖職者とは違い、*conpotus* を *numerus* とではなく、ギリシア語の *ciclus*、マケドニア語とされる *calculus* と同一視した。これにより *conpotus* はあらゆる種類の円運動の計算を意味することになった。すると、アウグスティヌスの警告にもかかわらず、世界創造以来の年数全体をふたたびヒエロニュムスに倣って算定(*conputare*)できることになった。年数をぎごちなく加算すると、五九二八年間という結果が出た。その続きは、聖書に記された数とその神秘的な算術を拠り所にしてもっと簡単に進んだ。神は世界を六日間で創造した(「出エジプト記」二〇章一一節)。しかし神の前では一日は千年のようであり、千年は一日のようである(「ペトロの手紙二」三章八節)。キリストと終末の間の世界年代も千年は続くだろう（「ヨハネの黙示録」二〇章七節）。その結果、世界は六世界年代、つまり六千年続くであろう。すなわちメロヴィング朝の計算者にとっては、世界の終焉までまだまるまる七二年間が残されていたのである。この資料の編纂者ブルーノ・クルシュはこう述べてからかっている。《その時に最後の審判が訪れるのだから、それまでに持てるものすべてを放蕩できたわけだ》[52]。もっと優しい言い方をすれば、中世初期のフランク人は現在の彼方に思いを馳せた結果、とりあえず現在をどうにか切り抜けるだけに終わったのである。

彼らにとっては、今現在の勝手を知るだけでも十分難儀なことだった。それを如実に示すのが八世紀フランク王国の暦算学なのだが、これを研究者たちが従来ないがしろにしてきたことは許しがたい。初期の著作家たちは、七二七年以降は対話形式を通じて語りによる指示を引き継いだ。彼らが欲したのは、断片的な知識を伝えることと、日常的な問題を解決するためのおおまかな法則を集めることのみだった。しかしその際に、修道院や大聖堂付属の学校教師とは違って、地域的な習慣だけで我慢するわけにはいかなかった。〈ギリシア人〉ディオニュシウス・エクシグウスが五二五年に作成した復活祭暦表は、七二二年からの数十年間分を新たに算出する必要があったものの、これなら年代計算を統一できたかもしれなかった。しかしフランク人の年代計算家の多くは、セビリャのイシドルスやそのアイルランドの弟子たちと同じように、地理的に近い競争者、すなわちガリア人であるアキテーヌのヴィクトリウスの方を信頼したのである。ヴィクトリウスは四五七年にローマ教皇のために別の〈ラテン語〉復活祭暦表を算出しており、これは八世紀になっても手を加えずに利用できた。ディオニュシウスの暦表とヴィクトリウスの暦表については、七八〇年までにアキテーヌ、ブルグント、ノイストリア、アウストラシアで実直に、あるいは策謀を労して幾つもの調整案が提出されたが、最初から最後まで首尾一貫して計算された案はひとつもなく、性急にあれこれ議論を重ねたあげくにすべてだめになってしまった。

この頃になると復活祭暦表は大量の数字と日付を掲載せねばならず、暗記など無理な話だった。そのうえ時間を特定する同一の方法をめぐり、実に様々な公式、概念、解説が流布していた。それらを古書、とりわけアイルランドの書物から書き写すか新たに公式化する必要があり、いずれにせよすべてを集めて比較せねばならなかった。そして最終的には、ラテン語を学ぶところから始めねばならない修練士に教授するだけではもはや十分でなく、雄弁に自説を主張できる専門家も説得せねばならない事態にたちまち至った。専門家たちはここにきて、つまり七二七年のメロヴィング朝暦算学において初めて、自分たちの職業にふさわしい名称である〈暦算家《コンポティスタエ》〉を授かったのである。だが彼らの振舞いは凡百の専門家たちと変わらなかった。すなわち、専門家同士が集まれば、たちまち口論を始めるのである。そのようなわけでメロヴィング朝フランク王国およびランゴバルド人のイタリアでは、確かに暦算学《コンプティスティーク》の文書化とそのテキストの普及が急速に進んだものの、決して統一には至らなかった。間近に迫る世界の終焉に対して被造物が抱く不安や、キリストの誕生年算出に際しての敬虔な信者の配慮は、またもや翌年の復活祭をめぐる学者たちの論争の前にたちまち掻き消されてしまったのだ。

一般の死すべき人間たちは専門家以上に自分たちの日常に拘泥し、地上からパラダイスへの移行段階にさえ日付があるのを見て取ったが、それは暦日であり世界紀元の年数ではなかった。キリスト教徒は一人一人に復活と昇天が約束されていたのだから、典礼は、キリストが死に打ち勝った最初の復活祭の日から、聖者が地上での生を克服した祝祭日を経て、信者たちが亡くなった罪人のために祈りをあげる平日に至るまで黄金の鎖を延長した。とりわけ復活祭は至る所で同時に正しい時点で行わねばならず、アイルランド人はこの日、アングロサクソン人は別の日というわけにはいかなかった。聖なる記念日を有意義に現前化したいと思えば、人間の運命も神が定めた一年の流れに従い正確に日付を決定せねばならなかったのだ(53)。

こうした要請に奮い立ったのが中世暦算学《コンプティスティーク》の創始者であるアングロサクソン人の僧ベーダだった。この要請をもっとも確実に満たすのはどの方法か、体験的な方法か理論的な方法か？日時計を用いて天文学的な時間を測定する方法については、ベーダはトゥールのグレゴリウスよりも熟達していた。七三〇年頃にベーダはある同時代人に、春分、つまり復活祭の開始日が三月二一日であり、他の人々が書いている三月二五日ではないことを証明しようとした。彼が求める結果は、指時針（*gnomon*）が日盛に長短の線を伸ばす日時計を観察すること（*horologica inspectio*）により裏付けられた。日時計はすでにベーダの時代以前のイギリスでも、祈禱の時間を決めるために使われており、その幾つかは現存している。さらにベーダは、その一八二日後の九月一九日に二回目の昼夜平分時〔秋分〕が訪れることも日時計から読み取った。もっともベーダは測定の詳細については、先の友人にも教えはしなかった。

他の箇所では、昼夜平分時に日時計の影の長さを——主にイギリスでだが、イギリス以外でも——観察者がいる地域の緯度に直接換算する方法に関しても、古典古代の文献を通して正確な知識を得ていたことを示している。閏日の説明をする箇所では、ベーダが一年中日時計から目を離さなかったと伝えている。すなわち三六五日経っても、太陽は一年前と正確に同じ日時計の線上《ホロロギイ・リネア》に達さない、と。[54] 天体運動を観察することなく時を抽象的かつ均一に分割できる水時計となると、ベーダは扱い方がまったく分からなかった。彼の意図は目で見て分かる証拠によって無教養な人々をとにかく納得させることにもあり、教父の権威と計算の合理性というキリスト教学問の二大論拠に頼る方を好んだのだ。

彼が記した基礎的教科書は『暦計算書』（七二五年）というタイトルだった。第一章の見出しには〈指による計算について（*De computo vel loquela digitorum*）〉とある。すなわちベーダは器具を用いるよりも指を使った計算の方に、天文学者風に知ったかぶるよりも典礼に則り良心的に計算する方に熱心だったのだ。[55] もっとも単純に指で数えるだけではあまり成果が期待できない。長い数列を整理して見やすい表を作成せねばならなかった。そこでベーダはイシドルスが行った格付けを曖昧にし、年代計算者（*computator*）を計算者（*calculator*）と、それどころか後にはカトリックの計算者（*catholicus calculator*）とさえ呼んだ。なぜなら教会の算術（*arithmetica ecclesiastica*）は教会関係の目的にのみ用いられたからである。[56] この算術は習得が難しいうえに自己目的となってはいけないので、ベーダは計算の能力も意志もない読者向けに、月齢を数字ではなく文字で記した二枚の暦表を考案した。この暦表は記号を現実と受け止めることを拒絶したアウグスティヌスを連想させる。計算規則を扱う際も教師としてのベーダは、学者の立場からは敵視した学習者に親切な傾向にも譲歩して、あちらこちらで計算を容易にするために（*calculandi facilitas* あるいは *facilitas cumputandi*）自然の複雑な経過を表す公式を簡略化した。人間が天体の滑らかな運動を、暦に必要なあの整数に完全に置き換えられるのか、ということにベーダは疑いを抱いていた。とりわけ復活祭を算定する基準となる月の公転がそうであり、その測定単位（*mensura*）を彼は《十分に認識できないもの》と説明している。三二五年にニカイア公会議が最重要事項を決定したと見なしたベーダは数学的な検証を断念し、月の跳躍《サルトゥス・ルーナエ》〔メトン周期ごとに徐々に増えるエパクトのずれを調整すること〕理論を用いて平均値との差異をすべて均一化してしまった。後代の人々が評したように、これはあまりにも大雑把な措置だった。しかしベーダのこうした無頓着ぶりは、神が整えた時間に人間の測定は及ばないとする確信にぴったり一致したのである。[57]

そのためベーダは七二七年のメロヴィング朝式暦算法《コンプトゥス》で未来を計算する行為を厳しく批判し、《永遠者として意のままに時間を創り出し、時代の終焉を知る者、むしろ揺れ動く時の流れに対して意のままに終焉を設ける者である》神を畏敬の念をもって指し示した。それにもかかわらず、神の時間と自然の時間の内部に人間の時間の余地はあり続けた。なぜならベーダは年代計算の三方法を区別するからである。第一の方法は人間あるいは神による承認《アウクトリタス》を基準とする。たとえばオリンピック競技の開催時期を定めたのは古代ギリシア人であり、毎週末を安息日と命じたのは神自身だった。それに並ぶ基準が人間の習慣《コンスエトゥド》である。たとえば一ヶ月を三〇日に分けるのは太陽の軌道にも月の軌道にも対応しない。最後の時間特定基準は自然《ナトゥラ》であり、そのため三六五日と四分の一日という太陽年が生まれる。ここでは計算をする理性、創造主たる神の理性《ラティオ》が微かに透けて見える[58]。

それにもかかわらず神と自然の時間尺度がもっとも人間に適した尺度でもあることが裏付けられた。ベーダはキリスト教徒の計算者《カルクラトレス》に向けて、生年月日を原子にまで分解し、それを拾い集めて天文学上の予測に利用する異教徒の計算者《マテマティキ》への警告を発している。連中は時計（*horologia*）を無理やり一五分単位に分割した。しかしキリスト教徒は神から与えられた一時間より短い時間単位を必要としない。ベーダは学術目的には、日没から翌日の日没までを二四等分した平分時法を推奨した。実務に携わる人々（ベーダは一般大衆 *vulgus* と呼ぶ）は地域と季節により異なる不定時法による一二時間の方を好み、日の出時の一時課から昼間の六時課を経て日没時の晩課に至るまでを数えた。なぜならこれが教会の定時課および田舎の農作業の時間だったからである[59]。

人類史のような長い期間についても、ベーダは神と自然があらかじめ与えた基準を見出した。われわれの寿命と世界の最期はヴェールに覆われている。しかし神はどちらの場合もその始まりははっきり示した。天地創造の日付、太陽と月の交替の起源、六つの時代および人類史の始まりは、算術、天文学、聖書釈義学の計算から極めて精確に特定できた。ベーダはそれを紀元前三九二五年三月一八日と算定した。この日付が歴史に方向を示す。時間とは神の始原から目的地の天国めざして放たれた矢であり、その矢は今も飛んでいる[60]。これにより世界史ではなく救済史としての歴史記述が可能になった。ベーダは教科書の末尾で救済史を年代記として披露している。それはあらゆる意味で暫定的なものだった。それでも歴史的変遷の終焉、最後の審判は七番目の時代、永遠の生命は八番目の時代にあり、その直前の時代ではない。ベーダは紀元五三二年から一〇六三年、つまり当時から三百年間分の第二大周期全期間の復活祭の日付を算定した（図6参照）[61]。

［図6］ベーダの暦表、アイルランド写本、フランス北部ランあるいはソワッソン、850年頃、カールスルーエ州立図書館所蔵。これは532年から1063年の第2復活祭周期全体に関する暦表で、各段にメトン周期に対応して19年分の枡目が並び、そこに3月24日の曜日が数字で記されている。その上には復活祭を決める月齢を示す文字が見え、閏年は3つの点⁖で示されている。28年の太陽周期と15年のインディクティオ周期の開始年を示す枡目はどちらも彩色されている。19年ごとの暦年数が各段左端にギリシア文字で示され〔最上段にφλβ=532年と見える〕、その左側の表外にはギリシア語で獣帯記号が記されている。紀元前1年から紀元531年までの第1周期に関しては、この右側に別表が用意されている。

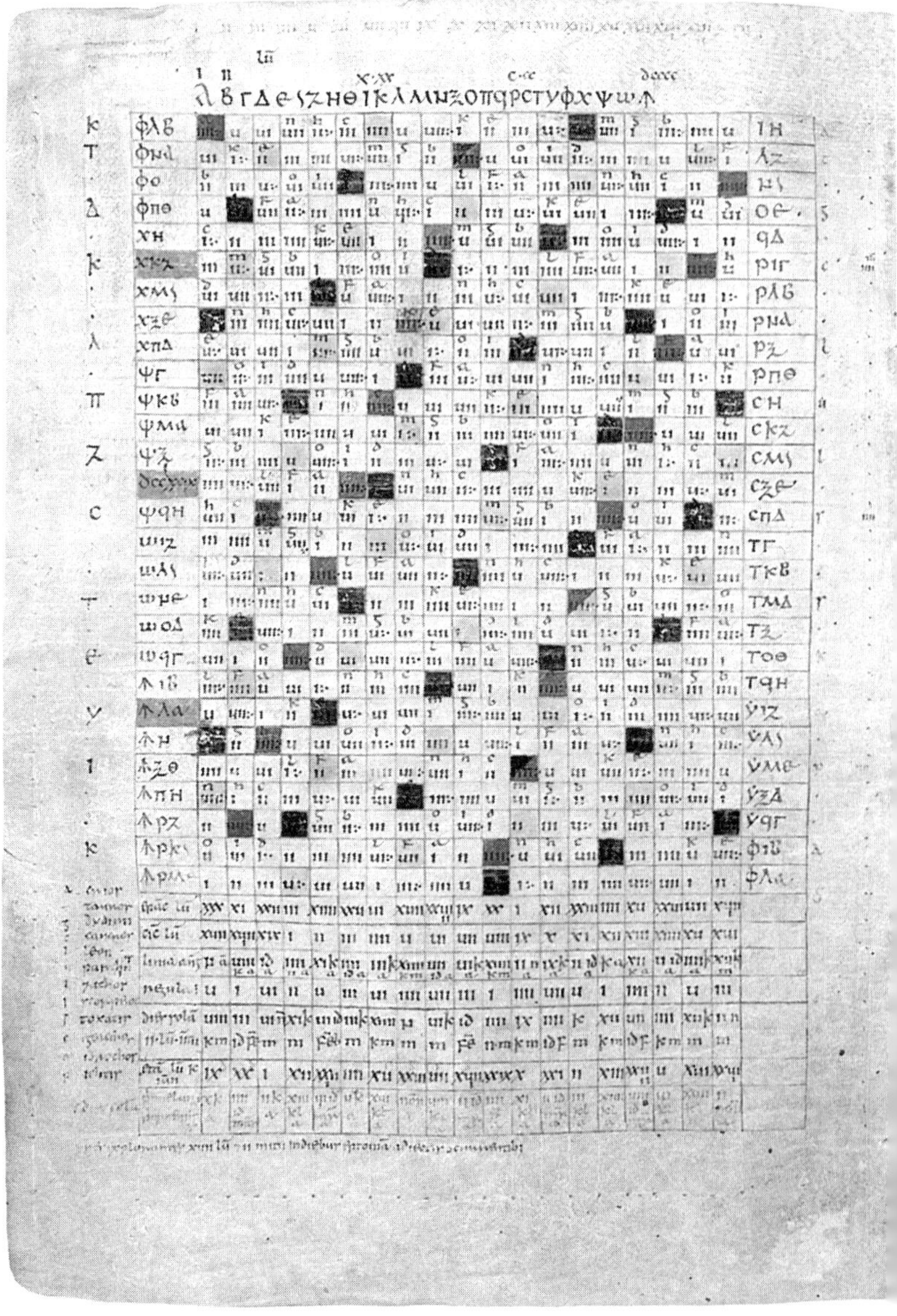

主としてその歴史はベーダの民と教会が体験する年月であり、戸外は暗く寒い間に信者たちが明るく暖かなホールで過ごす束の間の共同生活に該当した。ベーダは同郷人がキリストの復活月である四月を異教の女神エオストレ、東に昇る春の光にちなんで名付けるのを許した。[62] しかし、決して沈まない真実の光が世界に射し込んだはいつのことだろう。七三一年にベーダは『イギリス教会史』で宇宙規模の世界年代をイエス・キリストの受肉以降の人間に適した日付に置き換えた。このベーダの書が中世における歴史記述の模範となったおかげで、現代われわれは今年のことをキリスト生誕後二〇〇四年目と言うのであり、古代ローマ人のようにローマ建国後二七五六年目とも、東方正教会のビザンチン帝国国民やロシア人のように世界創造後七五一二年目とも呼ばないのである。[63]

ベーダは完成した救済史を、われわれが〈歴史的殉教者列伝〉と呼ぶかのジャンルの第一作でそれまで以上にあからさまに描き出した。彼は数千もの名前を記した聖人リスト、殊にいわゆる『ヒエロニュムスの殉教者列伝』に通じていた。そこには殉教者がいつ、どこで、どのようにして信仰を証明したかが記録されておらず、すなわち殉教のどのような点が生者に関わりがあるのかも記されていなかった。この欠陥を補ったのがベーダの殉教者列伝であり、拷問を受けた者の死亡日を永遠に向けての誕生日へと聖化したのである。これについてベーダはこう書いている。《聖殉教者の生年月日を記した殉教者列伝で、私は自分に見つけることのできた殉教者全員について、どの日に、どのような方法で、どの裁き手の許で彼らが世俗に勝利を収めたかを入念に記録するよう努めた》[64]。そのためにベーダは手に入る限りの文献を援用し、最近の巡礼者については自著の歴史書も参照した。たとえば彼は、ランゴバルド人の王が最近聖アウグスティヌスの遺骨をパヴィーアに運んだと記しているが、それからまだ一世代も経っていなかったのである。同じく希望に満ちた報せをもってベーダは『暦計算書』の年代記を締めくくっている。天上の聖人たちはわれわれとともにあり続ける、と[65]。

ベーダの殉教者列伝は厳しい目で吟味した一一四名の聖人の名前を、彼岸にある目的地への道標として教会暦年の流れの中においた。これは、年代記の検証済みの日付が此岸の根源から現在に至る道の標識となっているのと同じである。これ以来中世の人々は平日を聖人の名で呼ぶようになった。現代の歴史記述研究は見落としがちなことだが、以下の点はどれほど強調してもし足りない。すなわちベーダは年代計算、典礼、歴史記述を一体化したのであり、どれ一つ欠けても他の二つは把握できない。これ以降、暦算学、殉教者列伝、年代記は、ベネディクト派修道院で隆盛を極めたかの学問を支える、共に重要な三本柱を形成することになる。それは現代に永遠をもたらしたのである[66]。

われわれが中心と見なしている第四の柱、すなわち年次暦は修道院の時間構成では脇役だった。ラテン中世で最初期の年次暦を編纂したのはイギリスのベネディクト派であり、六八五年頃のことである。彼らの同郷人ウィリブロードがエヒテルナッハに修道院を創建した際にその暦を持ち込んだ。彼は時間をまだカエサルのシステムに従って数えてはいたが、惑星の神々、獣帯記号、厄日に関する天文学的な指示は差し控えた。三月二日の欄では、最近、すなわち六七二年に死去したイギリスの司教チャドの名を挙げ、この司教がまだ救いを必要とする死者なのか、あるいはすでに救いをもたらす聖人の役割を果たしているのかという問題は未解決のままにした。殉教者列伝には世界中の教会の聖人たちが、年代記には世界史の権力者たちが記載されていたので、年次暦には短期間かつ小規模な記念と期待しか残されなかった。ベーダはまだこうした〝今ここ〟を〝かつて〟より下位に置いていたが、年次暦の普及はそれに変化が生じる前触れだった。

年次暦が隔絶された修道院内部から世間へ出て行ったことは、エヒテルナッハで七五〇年頃まで暦に書き加えられていた補足記事が教えてくれる。ウィリブロード本人が、六九〇年にフランク王国に到着し、六九五年にローマで司教叙階を受け、七二八年現在はここエヒテルナッハで暮らしていると記録した。他の修道士たちは四季の開始日をメモしている。これは修道士たちの典礼には何の意味もないが、農民たちの経済にとってはほぼすべてを意味する事柄だった。さらにフランク王国の宮宰カール・マルテルの勝利と死についての覚書も見られるが、それらは聖職者の一日には付随的な変化しかもたらさないものの、貴族と戦士のキャリアを根本から変化させる出来事だった。この頃になってもまだ暦算学家たちが調べた星辰の運動や計算のヒントを年次暦に転記していた者は、もはや絶え間ない天への上昇を示すばかりでなく、現世での儚い主張をも示す計時器として使っていたのだ。

V　九世紀における帝国暦と労働のリズム

暦算法《コンプトゥス》、殉教者列伝、年代記。この三者の関係が深まったのはカロリング朝時代のことだった。この時代には時間を示す新たな記号である鐘（Glocke）が頼りにされた。その言葉と鐘そのものはケルト人からフランク人たちの許にやって来る。どちらも聖ボニファティウスがヨーロッパ大陸へ持ち込んだのである。イギリス人は今でも*clock*という語で時刻を表現する。振鈴《ハンドベル》は聖職者たちの日々の定時課を区分し、教会の塔に備えられた鐘は俗人たちを祝祭のミサへ呼び集めた（図7参照）。同時代の学者たちは、鐘の音によって一日を分割することが新機軸だと承知していたにもかかわらず、その起源は古代イタリアにありと考える方を好み、鐘のラテン語名*campana*の語源をイタリアの一地方であるカンパーニャに求めた。彼らは仲間の修道士たちに、一日や一年の間で鐘を鳴らすべき時を肝に銘じさせた。鐘の告げる時間は最初から創世時間や自然の時間よ

［図7］現存する最古の振鈴（ハンドベル）、7世紀アイルランドのものと推測される、ザンクト・ガレン修道院教会所蔵。薄鉄板製、全高33cm、吊下げ器具と鐘の舌は近代のもの、装飾は18世紀に施され、以下の文字が記されている。《612年に聖ガルスがブレゲンツ近郊ザンクト・ガレンシュタインの住居にてこれを鐘として使用した》。

りも歴史的な存在であり、典礼的かつ理性的な時間だったのだ[67]。

それにもかかわらず、さしあたり鐘は司教や修道院長、司祭が地元の信者たちを礼拝に呼び集める役にしか立たず、鐘の音が聞こえる範囲はせいぜい教会の塔が見える範囲に留まっていた。だがその程度ではカール大帝は満足できなかった。七八〇年以降、大帝は北海、大西洋、地中海に挟まれたラテン・ヨーロッパの大部分へとフランク王国を拡張し始めていたのだ。家臣への支配力と団結力を強めるには、日時計や鐘よりもさらに抽象的な時間表示の手段を、暦算学《コンプティスティーク》や年代記編修よりもさらに具体的な時間経過の解釈を必要としたのである。まずカール大帝は、実際に使われている暦を早急に統一する必要に迫られた。七八九年、新設したばかりの王立修道院ロルシュの修道士たちに帝国暦の作成を指示したのはそれが理由かもしれない。そして最初の草稿が作られた。中心をなすのは、一般のキリスト教暦と同じように、教会年の祝祭日である。しかしそこで主流を占めるのは、もはや従来の典礼暦とは違い、こちらの修道院やあちらの司教区で崇拝される聖人たちではなく、殉教者列伝に類する文献のようにキリスト教界全体から厚い尊敬を集める天国の指導者たちであり、とりわけフランク王国の主要都市にある教会の保護天使たちだった。そこには支配者一族の守護聖人も列しており、それが〝今ここ〟のキリスト教会におけるカール大帝の階位を保証したのである。

　帝国暦のこのように政治化された固定地帯の前に、カエサルの太陽年に基づく暦算法による緩衝地帯が現れた。ここでは日付ばかりではなく、個々の暦日、曜日、太陽月、月齢どうしの間隔も古代ローマの習慣に従って数えた。固定地帯の向こう側には、天文学を主とした専門用語の地帯が続く。そこでは恒星年を個々の段階に分解し、獣帯記号の登場、もっとも明るい恒星の出と入り、天文学的な分点〔春分点と秋分点〕・至点〔夏至点と冬至点〕の日付、気候上の四季の始まりなどを分析した。暦のこの地帯は日付の大部分を古代ローマ人プリニウスの『博物誌』から借用し、それぞれの時代に統治するフランク王を、かつて世界の支配者だったローマ人たち、とりわけカエサルと同列に並べた。これらの三地帯が揃って強調したのは、修道士にとっては存在の枠外にあるもの、しかし王侯貴族、高位聖職者、そして取るに足らない農民たちにとっては生活の中心をなすもの、すなわち、戦争の遂行、宮廷での祝祭、野良仕事が共演する、自然に条件付けられたリズムだった。

月ごとのブロックを囲む上下の欄外部分には、太陽暦や太陰暦での一月の日数から昼間の日照時間や夜間の空が暗い時間数まで、詳細なデータが集められた。実際にはこれらの数字が全ての地域に当てはまるわけではなかったにもかかわらず、その数字により猶予期間である暦日は人々が体験している現在を測る主要な尺度となったのである。すぐさま毎日の欄にも、個人的な書き込みが次々と記されるようになった。幸福な誕生、悪夢を見た日、恐れられた、あるいは愛された人物の死、戦争、飢饉、疫病などを人々の記憶にしっかり繋ぎとめる書き込みである。ロルシュ修道院で作成されたプロトタイプは、個々の点で記事を追加したり削除したりするための様々な余地を残していた。カロリング朝の世紀には、王国の東部、西部、南部で六〇種類以上の複製が実に様々な方法で役立っていた。確実なことが一つだけあった。誰もキリスト教暦の卑俗化を意図してはいなかったにもかかわらず、その俗化が、そして時間そのものの世俗化がここで始まったのである。

世俗化はとりわけ年次暦の欄外でさらに範囲を広げた。そこに集められた情報は聖職者が探し出して書き記したものながら、俗人が日々の仕事を克服するのに役立ったのである。その月を支配した古代ローマの神や星辰は何か、その月にローマの農民はどのような畑仕事をしなければならなかったか、ローマ後期の医師が特定の食べ物や飲み物を推奨あるいは禁止したのは一年のどの季節か、を人々は知った。ローマの神々にまつわる奇妙極まる不思議な伝説や、ラテン暦を発明した人々についての記事を読み、毎月二日あるエジプトの厄日に異教の習慣に倣って我が身を守る術を学んだ。異民族、とりわけエジプト人が暮らしていた独自の一年のリズムの方が、ひょっとするとキリスト教徒の生活リズムより思慮深いかもしれないことを人々は理解した。占いの本からは、生まれたばかりの赤ん坊が恵まれた生涯を過ごせるか、大人が仕事で成功を治められるかが月齢次第であることを読み取った。日付入り手帳をめくる現代人が付録の表で調べるのは郵便料金や複利であり、もはや節食の規則や月齢ではない。しかし、日の出の時刻、満月の日、獣帯記号などは七八九年のロルシュと同じく今でも手帳に記載されている。

ロルシュの修道士たちが新しい帝国暦を起草していたのと同じ七八九年、カール大帝は、司祭ならば誰もが聖歌、楽譜、旋律、文法と同じく暦算法にも慣れ親しみ、当分野に関する正確な手引書を支給されるべし、と命じた。大帝本人がこの規則を帝国全土に向けて倦むことなく繰り返したように、司教たちは個々の司教区に向けて規則を掲げた。[68] 大帝自身が先頭を切って模範を示し、暦算学《アルス・コンプタンディ》を習得し、星辰の軌道を探究した。しかし、八〇七年にオリエントから大帝の許に届いた水時計（*horologium*）は玩具としか見なしていない。大帝にとって時間とは人の手で作り出し機械的に測定するものではなく、天空において敬虔な心で観察し、特別な知識により計算すべきものだったのである。[69]

七九七年から七九九年にかけて、ヨークのアルクインは太陽と月の軌道の暦算法《コンプトゥス》や計算《カルクラティオ》に関する説明を書簡で行い、カール大帝を助けた。このアングロサクソン人は気が乗らないまま《計算者《カルクラトレス》の砕鉱機》と《数学者《マテマティキ》の煤けた厨房》に身を賭したにすぎなかったものの、両分野の仕事場を接近させ、こうして数学を占星術という汚名から解放したのである。[70] カール大帝は自分が得た知識を民衆の間にも広めたいと思い、ローマ風の月の呼び名をベーダの例に倣い自然に密着した名称に置き換えようとした。たとえば三月は春を連想させる*Lentzinmanoth*、四月は復活祭の光を連想させる*Ostarmanoth*と命名した。大帝の息子ルートヴィヒ敬虔王はこうした蛮族を勢いづける行為を非難し、文書にラテン語で日付を記載することを断念するよりも、異教の戦争の神マルスに甘んじる方を選んだ。そのため現在では、詩人は〈*Lenzgefühl*（春めいた気分）〉や〈*Osterwonne*（復活祭の歓喜）〉という言葉を使い、勘定書には*März*（三月）、*April*（四月）と記されるのである。[71]

カロリング朝における暦法改革の目的は、短期向けの詳細な措置ではなかった。年代計算の神学的な基礎、すなわち暦算学の端緒を開くべきものだったのだ。カール大帝はアルクインの他にも、アイルランド人、アングロサクソン人、ランゴバルド人、フランク人の専門家を多数王宮に招集したが、その他諸々の焦眉の問題についてと同じように、時間の解釈、定義、利用法についても専門家たちが意見を一致させることを望んだらしい。そうした意図で七九〇年頃から、大帝は暦算学に関する一連の論難書を新たに公開した。アルクインも傍観しているわけにはいかなかった。ほとんどすべての著述家は、時間についての知識すべてを百科事典式に一冊の教科書にまとめようとしたが、それが異質な資料の寄せ集め編集以上のものになることは稀だった。そうこうするうちに専門家のほとんどがベーダの概念を、少なくともディオニュシウス式の復活祭算出法は引き継ごうという気持ちになってきた。しかし、過去はキリスト生誕にまで遡り、未来は世界の終末にまで迫りかねない世界年代のベーダ式新計算法に対しては抵抗する者がまだ大勢いた。なにしろキリスト教世界においてもっとも神聖にしてもっとも学識ある情報提供者、すなわち教父ヒエロニュムスと司教イシドルスがベーダとはまったく違う計算をしていたのである。このようにして長期間を目指した年代記的な時間解釈は宙に浮いたままだったが、八〇〇年の聖夜に行われたカールの皇帝戴冠式がこの問題にも無理やり早急な決断を下させることになる。この瞬間にカール大帝の時代は、天地創造から最後の審判に至る人類の道のりのどこに位置するのだろうか。ヒエロニュムスやイシドルスの算出した数字が連想させるように、大帝時代は間近に迫る世界の終焉を準備するものなのか。あるいはベーダの算出した数字が示唆するように、大帝時代が現世を形成するためにまだ多くの年月が残されているのだろうか。カール大帝本人はまだ暫くの間躊躇していたが、影響力の大きな助言者たちは決然としてベーダの側についた。

八〇九年のとある奇妙な試験記録を読めば、カール大帝の学問的計画が同時代人にとっても過大な要求だったことが分かる。記録によれば、教会の年代計算専門家たちが召集され質問を受けたが、彼らはベーダを完全には理解しておらず、さらにベーダ以外といえば何も知らなかったのである。それにもかかわらず彼らはその際に暦算家《コンポティステ》という特別な名称、階級章に近い名前を授けられた。彼らが学ぶべき内容を、カール大帝はすぐさま全七巻の百科事典に纏めさせた。この桁外れな著作は帝国内にある幾つかの教育施設でさえ、部分的な写本しか作られなかった。これはベーダが作成した三枚の暦表の改訂版であり、すなわち教会暦年における典礼と暦算法の日付を記した殉教者列伝、メトン周期と復活祭の周期を記した表、そして当年、つまりカールの神聖ローマ皇帝在位第九年目、天地創造から四七六一年目までの世界紀元の年代記である。暦算学《コンプティスティーク》の法則集が、これらのリストと付録の年次暦の利用方法を示した。さらに古典古代の著作家たちのテキストが加えられ、それは聖ヒュギヌスが星座について、プリニウスが惑星の軌道について、マクロビウスおよびマルティアヌス・カペラが地球、太陽、月の測定について記述したものだった。年代計算と時間測定は発展して自然学となったのである。[72]

そうした総合的なプログラムの代わりに、年代計算者たちは個別の分野向けに簡潔な教科書を必要とした。八二〇年、フルダ修道院学校長だったラバヌス・マウルスはこうした授業向けにベーダの著作に依拠した著書『暦算法《コンプトゥス》』を献上した。後にマインツ大司教となってからは、八四〇年から八五四年にかけて同じくベーダに依拠した『殉教者列伝』も編纂している。われわれ歴史家が彼の著書に世俗的な年代を付すために濫用しているものを、ラバヌスは聖なる現在の祝典と理解していた。暦算家としてのラバヌスは執筆の年を、主の年八二〇年、ルートヴィヒ皇帝在位第七年目と厳かに宣言し、その日付まで記している。《私は今日、七月二二日にこれを記す》。そのうえ彼の聖人暦は、メッスの聖ルーフスの遺骨を《ロタール皇帝の御世に》、すなわちルートヴィヒ敬虔王没後の八四〇年にヴォルムス地方へ遷移したと告げている。このように現代史とは、生者たちの空間的に制限された視野にそれよりも包括的な尺度を与える救済史だったのだ。

教師ラバヌスは天文学的な規模の数字を扱おうとは思わなかった。彼はプラトンの大年、つまり星々が原初の位置に戻るサイクルを、二八年の太陽周期と一九年の太陰周期から生み出される復活祭周期の五三二年とほぼ等しいと見なした。太陽と月という二つの主たる天体のみがあらゆる年、月、週、日の進行を定めた。昼間は太陽の運動が、夜間は少なくとも星座が〈刻の観察者《ホロスコプス》〉や〈時間計算者《カルクラトル》〉に、旅人や船乗に使用できる最小単位である一時間を知らせた。日時計が正確に示せるのはせいぜい一時間までだった。しかし、夜の星辰にはベーダが認めたよりも小さな単位が必要ではないのだろうか？　そうした単位を使って計算したり、水時計で単位を測定したりせずに、ラバヌスは時間の最小単位として一時間の二万二五六〇分の一である〈アトム〉を、数の最小単位として一の二八八分の一である〈スクリプルス（*scripulus*）〉を導入した。もっとも現代ドイツ語の *Skrupel*〔良心の呵責、倫理的躊躇〕に蔑視的な響きがあることから分かるように、ラバヌスのそうした〈細かすぎる区別〉は貴族や農民の間には広く行き渡らなかった。[73]

　ラバヌスの弟子ヴァラフリート・ストラーボは八二七年頃にフルダで、その後はアーヘンで、最後には故郷のライヒェナウ島で八〇九年刊の百科事典を徹底的に研究した。ストラーボは百科事典の大まかな方針を自分が体験した典礼と地理の分野に応用する。当初は自信なげだったものの、師匠が暦算学と聖人伝研究に向けた努力を韻文で表現し、そしてストラーボ本人もまた聖人記念日の正確な日付の決定と場所の確認に努力した。[74]それらに関する詩作品が引き続き作られ、その響きよいリズムが記憶するのを助けた。当時まだ聖職者の教養は書物の黙読ではなく、暗誦したテクストを声高く朗読することを目指していたのである。すでに聖人伝学者として実績のあったプリュムの修道士ヴァンダルベルトは、八四八年にラバヌスの著作を知ることなく殉教者列伝を編纂した。彼は紀元前三九五二年三月一八日に行われた天界の機構《ムンディ・マキナ》の創造から紀元八四四年のミュンスターアイフェル修道院創設までの過程を詩で賛美し、さらに目標の定まった救済史に、毎年繰り返す四季と農作業、月の名前と太陽の位置に関する暦算法暦をも融合させた。人間にとって把握の埒外だった時間が、容易に知覚できる空間に近づいたのだ。[75]

同じく聖人伝作家である修道士コルヴァイのアギウスは八六三年に復活祭暦表に関する暦算学の二行連句を作り、八六四年には六歩格《ヘクサメーター》によるさらに大規模な詩集を書いた。最初の詩行で *Compotus hic alfabeto confectus habetur* と宣言しているのは、ベーダを模範にした八枚の暦表を〈アルファベット順に構成〉したことを指しており、計算の知識がなくともアルファベットを手がかりに使えるようになっていた。それにもかかわらずアギウスは巻頭に掲げた献辞詩で、カッシオドルスやイシドルス流に数字こそが創造の基本原則であり、数字の知識が至高の学問であると讃えている。なぜなら数字は一年から一時間に至る時間を区別し、人間に仕事を配分するからである。教会式の年代計算と学者の算術は、労働時間を分割・制限したいと思う平信徒の需要に応えるものと思えたのだ。[76]

そこから平信徒の生涯、印象深い出来事の記憶、模範的言動の物語なども教会の年代計算と結びつけることが容易に思いつく。トゥールのグレゴリウスの『フランク史』とベーダの『イギリス教会史』だけでも、ラテン語の *computare* に〈物語る〉の意味を加えるには十分なきっかけとなった。ヨーロッパの無教養な人々に至っては、〈物語を語ること〉と〈時間を数えること〉を関連付けていた。すなわち *conter, contar, raccontare, erzählen, to tell* といったヨーロッパ各地の民衆語の語彙は素朴な人々が合理性を有することを証明している。村の過疎化や家畜の減少について訊ねられると、彼らは統計学ではなく物語で答えたのである。

ラテン語文献で年代計算と語りの技量がもっとも密接に関連したのはカロリング朝時代の年代記、すなわちある年に執筆者の視野内で起こった出来事を後世の人々に伝える記録である。年代記作家が今現在の暦年を数えるのに暦算学は不要だった。それでも『フルダ年代記』を書き継いだレーゲンスブルクのある学者は、八八四年についてすでに幾つもの不埒な出来事を記した後で、その次の物語を《われわれがこのことを語るのと同じ年に（*instanti anno, quo ista computamus*）》という言葉で書き出している。(77)

しかし、執筆活動と民衆語、年代計算と人生体験の間にそれ以上の接触はとりあえずなかった。なぜなら学者たちは象牙の塔に閉じこもってしまったからである。ヴィエンヌのアードは八五〇年代にリヨンで殉教者列伝の執筆を初め、八七〇年以前にヴィエンヌ大司教となり年代記を書き終えた。彼も確かにベーダを基準にはしたが、それはカロリング朝の勢いが衰え始めた頃だった。アードの殉教者列伝では時局に関する覚書は一件に留まり、それはルートヴィヒ敬虔王が万聖節祭日を変更した件だった。アードの年代記は初期キリスト教時代に関しては殉教者列伝に近く、殉教者の物語ではあるものの、暦算学的に正確な年表に拠らず、その代わりに自分の司教区との地理的関係に興味を寄せていた。(78)

さらに修道士サン・ジェルマンのウスワルドは八六五年に仕上げた殉教者列伝でアードを基礎

にしている。同書が教会暦年で放置されていた欠落部分を補ったのは、先達が記した日付を再検証するよりもとにかく隙間を埋めるのが目的だった。祈りを捧げるべき聖人を毎日複数名、合計で一二〇〇名掲げており、一貫して簡潔な記事では地理的な関連事項は必ず述べるが、時代には殆ど触れていない。スペインに旅した後のウスワルドは、八五〇年代にコルドバでイスラム教徒に殺害されたキリスト教徒たちを取り上げた。しかし他の史料で彼らの没年を知らない読者は、初期キリスト教時代の殉教者だと思い込んだに違いない。他の点でもウスワルドは歴史的要素をないがしろにしており、一一月一日の欄ではルートヴィヒ敬虔王に関するアードの言及さえ削除した。このことによって、ベーダのプログラムの聖人伝に関する部分は、完結したというより断絶したのである。(79)

同じような伝統の疲労は暦算学と年代記執筆でも準備されていた。必要不可欠な暦算法《コンプトゥス・ネセサリウス》の知識を司祭たちに要求する大司教たちが、とりわけ西フランク王国には数名いた。日曜日や月齢を表す文字、エパクト〔月齢の年ごとのズレを表わす整数。復活祭の算出に欠かせない〕、コンクレント〔三月二四日の曜日〕、レグラーレス〔エパクトやコンクレントとあわせて曜日や月齢を算出する基礎的な数表〕を表す数字を元にして、曜日、朔日《ついたち》、断食の期間、復活祭の期間、年間の主たる祭日を特定できること、さらに書物の助けを借りずに暗算《メモリテル》で算定することが求められたのだ。(80) 単に日付を訊ねられた者がその根拠まで問われることは稀である。この点が新しい教科書の著者たちの悩みの種であり、たとえば幾つも写本が作られた『暦算法の書』を一〇世紀初頭に著した修道士オーセールのヘルペリクスがそうだった。彼は暦算学（*ars compoti*）――*calculatoria ars* とも呼んでいる――でさらに幾つかの新機軸を打ち出しており、たとえば文字よりもおのれの目を信じる学生《ストゥディオスス》は日の出・日の入の時間を算出するばかりでなく、観察・測定もできなければならない。月の公転周期は端数を切った整数では把握できず、ラバヌスが導入したあの時間と数字の最小単位に分解した後での み把握できる、など。それにもかかわらずヘルペリクスは、自著が先達の著作、とりわけベーダの著作からの名句集にすぎないと主張する。なぜなら、それこそ彼の読者である生徒たちが期待したことだったからだ。(81)

九〇六年にプリュム修道院長レギノーが教会法集成に着手した頃、彼は同輩の聖職者たちがベーダの理論的な基礎知識を勉強することなどもはや期待しておらず、小暦算法《コンプトゥス・ミノール》、つまり当年に関するおおまかな法則の知識さえあればよいと思っていた。レギノー本人もそれ以上の計算ができなかったことは、九〇八年に完成させた『年代記』から分かる。同書でレギノーは、初期キリスト教の部分を拡充して殉教者列伝とするアードの努力を引き継いだ。レギノーはいまだローマ皇帝の統治年を基準に暦年を数えていたが、その一年一年に、アードの殉教者列伝に倣いおよそ同じ時代に活動した聖人の連禱唱句をすべて挟み込んだのである。レギノーは〈先に述べた主の受肉より九〇八年を数えた本年まで〉と記し、年代記のキリスト生誕以降のタイムスパン全体が暦算学によって保証されているかのような印象を与えた。しかし彼は計算がひどく下手で、ディオニュシウス・エクシグウスが作成したキリスト誕生以降の周期表をローマ皇帝の統治年やローマ教皇の在位年と一致させる試みにはすっかり失敗している。修道院の祝祭日と農民の労働日を実用的に結びつけようとしたヴァンダルベルトも挫折した[82]。

しかしながら学者たちの努力は、空間的な統合や限定に対してより強い抵抗力を示す隣接領域へと移動してしまった。カロリング朝時代の大聖堂でグレゴリオ聖歌が興隆を見せたことで、音楽感覚をさらに明確に規定する必要が生じた。音楽はアウグスティヌス以降は時間と、ボエティウス以降は数字と結びついていたものの、ベーダは余事として扱うに留めた。八四〇年代に修道士レオメのアウレリアヌスは、音楽理論に関してはボエティウス以来初となるオリジナルの教科書『音楽の教え』を執筆し、カール大帝の孫の一人に献上した。アウレリアヌスが講じているように、音楽芸術のあらゆる法則（*rationes*）は数字で構成された。アウレリアヌスは七世紀アイルランドの『暦算法』の受け売りで、ラテン語学者たちが計算《コンプトゥス》と呼ぶものは数字《ヌメルス》に他ならないと述べる。算術、幾何学、天文学と同じく音楽も自然科学の管轄に入った。惑星が奏でる天球層の和音、調和して響く音の比率、連続する音のリズム、アウレリアヌスが初めて解説した八つの教会旋法の構造形式にそれは聞き取れる。これを機に、続く二世紀間に教会音楽と年代計算の関係は密になっていった。たとえば暦算学の覚え歌が幾つも作られたが、これはヴァラフリートやヴァンダルベルトが作った詩がさらに発展したもので、研究者たちはようやく最近になってその存在に気づいて解明に着手している[83]。

一地方の祝祭日を告知する際にも、典礼のもたらす歓喜の念が、増大しつつある理性的な要請にさらされていることが分かってきた。ザンクト・ガレンの修道士で著名な音楽家でもある吃音者ノートカーは、八九六年頃に殉教者列伝の執筆に着手したが、彼はこれを数多くある教会史の要約版と理解していた。ノートカーは歴史と暦算学による論拠を用いて、教会暦に記された多数の日付の信憑性を揺るがせた。たとえば隣のライヒェナウ大修道院領が祝っていた福音書著者マルコの命日がそうで、これは伝統に沿ってはいるが全く異論なしとは言えなかった。マルコの命日はエジプトにいた最初期のキリスト教徒たちが復活祭を祝った日付に直接依拠しており、それを算出するのは一苦労だったのだ。ノートカーは比較的新しい祝祭日の日付もずらした。たとえばアウクスブルクの聖女アフラの祝日だが、他の修道士たちはアフェルという名のメソポタミアの殉教者と混同していたのである。また、マインツ大司教ハットーがライヒェナウ島の聖ゲオルク祭で計画していたような、新しい聖人記念日を衝動的に採択することも思いとどまるよう忠告している[84]。合理性と今日的意義が調和ある礼拝の前提となった。このようにしてカロリング朝時代の暦算法は、修道士たちに献身的な礼拝のみならず、各地の修道院の節度を批判的に注意深く見守ることも要請したのであり、従って新たな時間理解が求められたのである。

VI　中世盛期における猶予された瞬間の認識

歴史学では時としていまだに〈暗黒の世紀〉として扱われる一〇世紀は、カロリング朝時代の合理主義的な風潮が広く流布するのを手助けしたが、それと同時にヨーロッパの時間意識に分裂をもたらすことにもなった。この時代以降は時間と数字に関して、少数の専門家が多数の一般人と異なる言葉を使うようになるのだ。教会法はもはや、司祭は誰もが暦算法《コンプトゥス》をマスターすべしとの要求さえ掲げることができなかった。なぜなら批判的な年代計算は小暦算法《コンポトゥス・ミノール》で暗記された公式と一致せず、検証のために暦表を必要としたからである。そのうえ、年代計算には数学的な特殊才能がますます必要となっていく一方で、歴史的な一般教養の需要はますます低くなり、いずれにせよヨーロッパの生成しつつあった諸国民は、カロリング朝時代に共有されていた歴史的教養から遠ざかっていった。諸国民の信頼する歴史像が有する情緒的な体験された時間や語られた時間は算出してはならないものであり、このことが学者たちの合理主義をますます駆り立てた。[85]

それでは学者たちの努力は報われたのだろうか？　あらゆる時代にまもなく終止符を打つと脅かすある数字が、頭脳よりもむしろ情緒において騒ぎを起こしていた。その数字の根拠は、もはやメロヴィング朝時代の暦算家《コンプティスト》たちがこしらえた素朴な作り物ではない。彼らは最後の審判の日を求めようとして、天地創造から六千年後と計算したのである。秘密の黙示が告げる預言（「ヨハネの黙示録」二〇章二―一〇節）はそんなものより神秘的かつ精確に、キリスト教的かつ歴史的に響いた。悪魔はキリスト以来千年の間縛られるので、もはや諸国の民を惑わすことはできない。だがその後反キリストが解放されると、聖なる者たちの陣営を苦しめ、信仰の広がりを阻み、こうして世界に対する神の最後の裁きを挑発する、と。アウグスティヌス以来、神学者たちはほとんどが最後の審判の日付を計算しないよう忠告してきた。なぜなら《その日、その時は、誰も知らない》からである（「マタイによる福音書」二四章三六節）。しかしキリスト生誕から丁度千年目に訪れはしないに違いない、おそらくそれより一世代後、キリスト復活を祝う千年祭の時に違いない。

ベーダ以来ほとんどの暦算家たちが天地創造の日付を通時的に特定しようと試みたが、すでにディオニュシウス・エクシグウス以降は最初の聖夜と最初の復活祭の朝を共時的にローマ帝国時代に組み込まないよう用心してもいた。キリストを彼が克服したあの俗界の歴史に屈服させたくはなかったのである。それと同時に、終末的審判者イエスが生ける者死せる者を裁くためにふたたびこの世に現れるのがいつなのかも、未解決のままにしておいた。いずれにせよキリスト教徒は日が照りつける間は、いかなる時も主の来光を期して生活し、死ねばすぐさま永遠の裁き手の前に参上せねばならなかった。キリスト教徒の生涯はつねに猶予期間であり、幾つかの民族に束の間生き延びることを許す歴史とは無関係なのである。

しかしヨーロッパの日常生活や世代、四季、教会暦年、定時課など長い間行きつ戻りつしてきたリズムも、今度はひどく乱されることになる。九世紀後期以降、ヨーロッパの宣教活動は滞っていた。民族大移動以来初めて拡張が止み、逆方向に転じたのである。カロリング朝の王国には非キリスト教徒の民族が流れこんで来る。東からハンガリー人、北からヴァイキング、南と西からアラブ人。彼らは一〇世紀末に黙示録の時を打つ反キリストの先触れであるかのように思えた。しかしながら、そうした前兆も一義的には読み解けない。キリスト教圏のスペイン北部を荒廃させ、九八五年にバルセロナを占拠した同じアラブ人が年代計算と時間測定の知識と道具をもたらし、その精確さにラテン・ヨーロッパは啞然とした。イスラム教徒がそれらの知識を占星術のまやかしと混合した様子は救いようがないとはいえ、アラビアの算術、幾何学、天文学には単に古代ギリシアの遺産、殊にプトレマイオスの百科全書的知識ばかりではなく、父祖アブラハムがメソポタミアからエジプトにもたらしたかの救済の智恵の残滓も保存されていた。

この自然科学という神の賜物は絶好のタイミングで西欧にやって来て、困惑するキリスト教徒を目覚めさせたのではないだろうか？　古典古代の異教徒から伝わったあの半端な知識は、カロリング朝時代の帝国暦を後代に複製した暦では迷信という低レベルまで落ち込んでいたが、これから近代的な教養の頂点へと持ち上げることはできなかっただろうか？　神自ら創造した宇宙が示す記号、つまり太陽年、朔望月、恒星時ほど明瞭に神の救済計画を読み取れるものはどこにもなかった。これらの記号を正しく解釈する術を心得ていれば、世界を創造主の方針に従って革新し、キリストの教会を改革し、迫りつつある人類の終末を人類の覚醒へと転ずることができるだろう。この瞬間が猶予されているものだと認識すること、すなわち学識をもって調査し、信仰心を抱いて利用することだけが重要なのだ。[86]

九七八年以降フルリーのアッボは、世俗とは程遠い『世俗的暦算法』で磔刑と天地創造に関するベーダの基本データを批判した。この際にアッボは数学の専門知識に裏付けられた計算者《カルクラトル》としての権威を利用しており、その実力は古典古代の表形式を取る計算研究書の注釈で証明された。ここですでにアッボは、プラトンと古代末期の継承者たちに従い、アウグスティヌスやベーダ以上に時間がもつ独自の重要性を認めている。行動力ある者たちの活動空間ではなく、思慮深い者たち向けの問題領域としての時間にアッボは魅了された。時間とは、最終的には神の単一性に根付く精神的な形式であり、量的に示されはするが、人間の五感では知覚できない。時間は五枚の硬貨とは違って物質として摑めはしないが、硬貨とまったく同じように数えたり分けたりはできる。もっとも、それも学問的方法によってであり、これは日常生活には間接的な影響しか及ぼさない。その例としてアッボが利用しているのは、分かり易いが安定しない不定時を示す日時計ではなく、抽象的である代わりに均一な平分時を示すことができる水時計（*clepsidra*）だった。星空をゆっくりと観察すれば、普通の人間には感じることも使うこともできない時間の欠片があることさえ水時計は証明してくれる。それにもかかわらず水時計の単調な水流は、恒星が形作る星座の回転と相俟って、われわれの生活において毎年変動する太陽日と時刻を測定する極めて確実な基準となる。少なくともベネディクト派の修道院ではとりわけ一日の始まり、夜間の起床時間が重要であり、そのためにフルリーのアッボはかつてウィウァリウム修道院のカッシオドルスがそうしたように、実際に水時計を使うよう取り決めた。水時計からの合図を受けて、当直の修道士が共同寝室で振鈴《ハンドベル》を鳴らしたのである。このオーバーフロー式水盤を職人が調整する方法については、アッボもカッシオドルス同様に僅かな解説しか書き残さなかった(87)。

哲学者や天文学者に比べれば、暦算家や歴史家はかなり大きな単位の時間をはるかに無思慮かつ精力的に扱い、それはまるで自分たちが時間と数字のあらゆる単位を神のごとく自由に使えると思っているかのようだった。それゆえに彼らの推測ははるかに酷い誤謬を孕んでいた。それをアッボは容赦なく暴く。修道会創設者であるヌルシアのベネディクトゥスの死亡日三月二一日は実際は聖土曜日〔復活祭直前の土曜日〕だとすれば、ベーダの暦表は二〇年も間違えていることになる。確かにベーダは暦年を正確に計算したものの、割り振った歴史上の日付が間違っていたのだ。しかし天地創造の時代を究明しようと思うのであれば、歴史家たち、すなわち歴史記述者《ヒストリオグラフィ》や年代記作家《クロノグラフィ》を信頼してはならない。アッボは自然の秩序（*naturae ordo*）と伝統の信憑性（*historiae fides*）を厳密に区別した。主流を占める見解が人間の時間と自然の時間を混同していることから混乱が生じたのである。長年続いてきたベーダの威信は、新たに登場した真実にその座を譲らざるをえないのだ、と。[88]

　この真実を後世に伝えるため、アッボは万年暦をデザインした。それはカロリング朝時代の隠喩詩スタイルを取り、数字と文字で記した工夫に富んだ暦表だったが、暗記するには規模が大きすぎた。ベーダが着手しアギウスが継承した仕事を、アッボは基本原則にまで高めた。すなわち時代を算出するために計算者《カルクラトル》は様々な記号を使用することができる。それは指や数字ばかりではなく文字でもよい。一つの文字が一日を象徴し、またアルファベット一組を使えば一年を分割することもできる（*Idem alphabetum tredecies computatur in uno anno*）。これらの記号がもつ算術、幾何学、さらに〈文学〉の法則性は美を放射する。それは感覚的な美ではなく熟慮された美、一日・一月・一年全体の途切れない数で表現される数学的形式の美である。アッボがプラトンの『ティマイオス』に対する古代後期の注釈を研究したのも伊達ではなかったのだ。

　セビリャのイシドルスが考えていたのとは違い、時間や数字に直接反映されているのはもはや

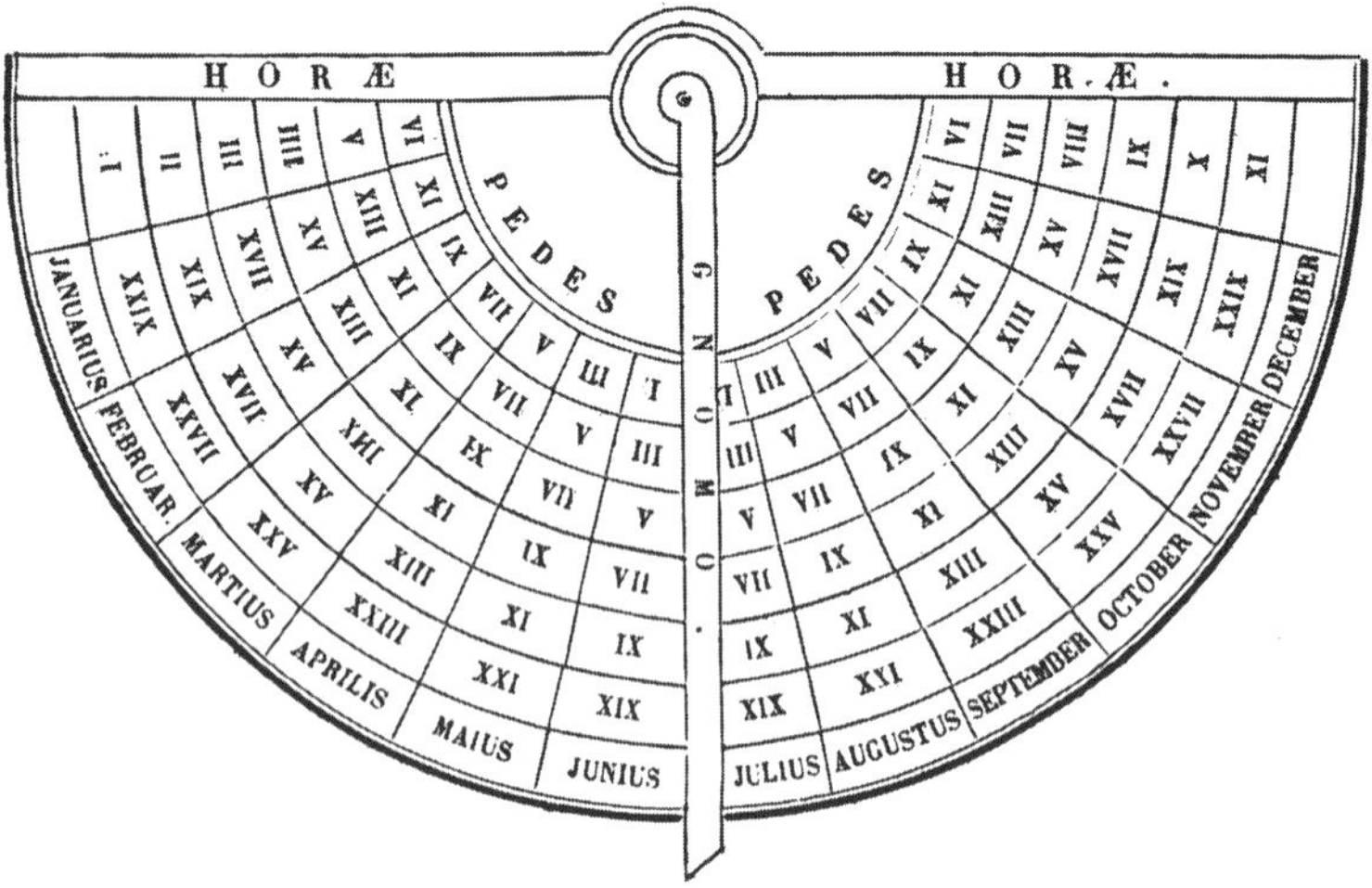

［図8］フルリーのアッボの日時計、1000年頃、アッボの手稿の清書図、ベルリン国立図書館所蔵。人間の影の長さを足裏の長さの倍数を用いて、1日の時刻VIからIと（それに一致する）1年の12ヶ月であるVIからXIに合せて表示する。

神の権威ではなく、一方では自然の秩序、他方では歴史の習慣だった。改革者アッボは両者を新たに融和させることにより、瞑想的な修道士と行動的な俗人との距離を縮めようとした。俗人への好意から、古典時代後期のローマで農民向けに考案された〈歩測日時計〉さえアッボは受け入れた（図8参照）。これは観測者自身を指時針とする日時計である。観測者は自分の影の長さが足裏の長さ幾つ分に当たるかをその都度歩測せねばならない。それから表を使いおおまかな時刻を読み取るのである。かつてイタリア用に算出された数字は、アルプス以北では誤りとなる。伝統を訂正するためになすべきことはたくさんあった。しかしアッボは辛抱強く最重要課題を計算した。それはこれから始まろうとする大年全体、つまり一〇六四年から一五九五年までの復活祭第三周期における復活祭の日付だった。世界がこの三回目の循環を終えるかどうかは神のみぞ知りもう、と彼は断言する。しかし、三回目が始まるであろうことは疑わなかった。人類に何が起ころうとも、ひとつのこと、つまり暦年の秩序は揺るがなかった。《受肉した言葉の最初の年、それから五三三年目の年と同じように、一〇六五年目の年も訪れるであろう[89]》。

計算する理性を介して自然と歴史を組み合わせることに対しては、推進派と抑制派の両方から抵抗が生じた。アッボの時代にキリスト教下のスペイン北部で、天体観測器アストロラーベ（図9参照）を扱ったアラビア語の学術論文がラテン語に翻訳された。九八〇年頃、アストロラーベを西洋に導入する目的で、おそらくバルセロナのルピトゥスがその論文集の序論を書いたと思われる。その序論では教会が天文学に抱く偏見に対して異議を申し立て、天文学は天界の機構《スペルナ・マキナ》、すなわち神が創った世界の構造を調査する学問であり、またアストロラーベは正確な礼拝にも欠かせない器具であると主張している。《なぜなら聖職者たる者は誰しも弛まなく熟慮を重ね真実を探求しつつ、おのれと他の人々に復活祭の始まりやそれ以外の祝祭日の時期を正しく伝えられるように、過去と未来の計算（*computatio*）を学ばねばならないからである。聖務共唱の祈りを昼夜正しい時刻にあげられるように……》。

[図9] ムハンマド・アス=サッファールのアストロラーベ（天体観測器）、1029年トレド、ベルリン国立図書館所蔵。イスラム教スペイン時代の現存する最古の天文観測器の表側、真鍮製、直径8cm弱。外縁部に目盛、29の星座記号が記された回転式の〈スパイダー〉（偏心の獣帯）、間にはめ込むプレートも現存しており、赤道と、人間が居住できる限界66度の間の緯度を示す等高線（上部）および不定時法の時刻とイスラム教の5回の祈禱時間を示す曲線（下部）が刻まれている。

すなわちアストロラーベは、算術よりも記憶術に近いラテン世界の年代計算の算術方法、すなわちフルリーのアッボもそれよりほとんど先に進めなかったトゥールのグレゴリウスのおおまかな法則に取って代わるとまではいかないが、それを改良すべき器具なのである。序論に続く使用説明書もおそらくルピトゥスが翻訳したと思われるが、そこでのアストロラーベはあからさまに計時器（*horologium*）として紹介してあり、使用者が日付や時刻を調べるために数えたり足し算したりする場合には *computare* という動詞を使っている。その語が意味するのは主として換算であり、しかも大衆が馴染んでいる不定時法の一二時間から成る一太陽日の見かけ上の長さを、学識あるベーダが夢見た、平分時法の二四時間から成る恒星層の示す真の天上時間へと換算することだった。アストロラーベは太陽と恒星の目に見える運動を照準装置と目盛を使って検測しただけではない。観察者がどの位置にいようと両方の時間尺度で算出することもできた。はめ込まれたプレートの曲線を使って不定時法の時間を、外輪部の目盛を指す直線を使って平分時法の時間を算出したのだ。このようにして経験的に観察された時間を、迅速かつ正確に理性的に正しい時間へと翻訳したのである。そのためルピトゥスを中心とするサークルでは主流だった言葉の使い方が逆転し、不定時法の時間を初めて軽蔑の念を込めて〈曲った〉あるいは〈人造の〉時間と呼び、平分時法の時間を感嘆の念を込めて〈真っ直ぐな〉あるいは〈自然の〉時間と呼んだ。このように言葉が変化したために最初期の使用説明書が使い物にならなくなれば、頼りになるのは徹底した練習のみである。後代の文書では間もなく動詞 *calculare* と *numerare* が加えられ、祝祭日や定時課への言及は忘れ去られた。この新型器具を使って専門的な作業を行うために、礼拝用の記号体系の改築よりも自然学的な記号体系の拡張工事が促されたのである。(90)

アッボの同時代人であるオーリヤックのジェルベールはスペインから論文を取り寄せて有効に活用した結果、アリストテレスとボエティウスを手本とし、日付と時刻を哲学的に過大評価したアッボと戦いながら、各領域の分離をさらに推し進めた。天と太陽の無限の運動では、永遠の理性と現実的な必然性が対をなす。すなわち時間と数字は不特定の可能性を秘めているが、《一日、一月、一年などと口にする時に》限定して現実化することで初めて具体的な姿をえる。こうした暦上の時間枠内では理性はあちらこちらに存在できるが、どこであれ強制的に存在させることはできない。つまり真っ直ぐだが抽象的な天上の時間を、曲ってはいるが具象的な地上の時間と一体化させることは難しいのである。それゆえジェルベールは思弁的な宇宙学も暦算学の諸原則もほとんど気にかけなかった。彼は算術、幾何学、音楽、天文学を使ってもっぱら個々の自然現象を専門家らしく解説しようとしたのだ。(91)

そのためにジェルベールはアストロラーベや一弦琴《モノコード》の他に器具として算盤《アバクス》を必要とした。彼が使用したのは一、十、百の位を表わす溝が刻まれた計算盤で、その溝に計算用の小石を入れて動かした。ジェルベールはこの小石を使って掛け算を行ったので、その結果の数字を、一から九ま

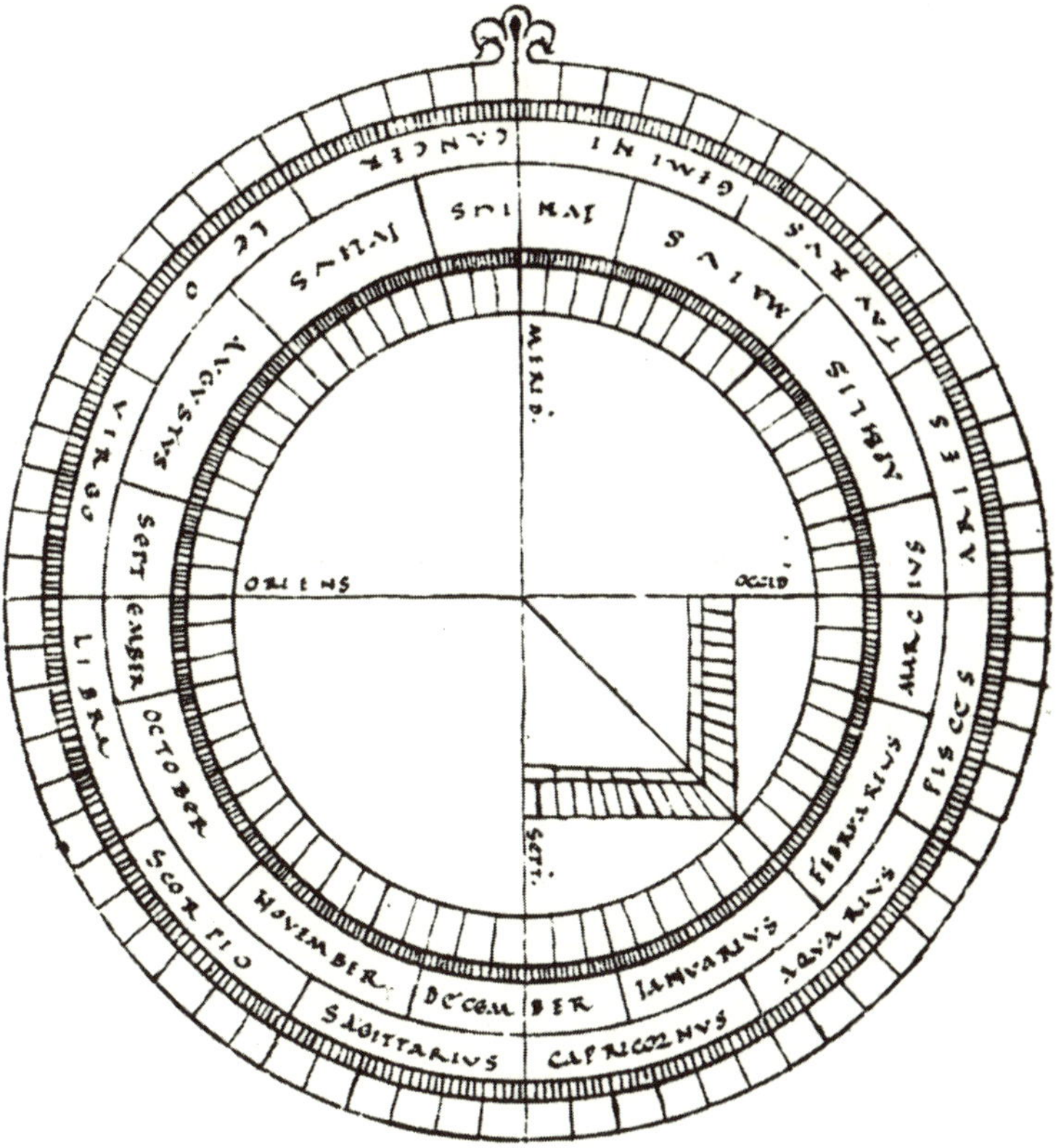

［図10］アストロラーベの裏側、手稿集のスケッチ、11世紀後半のフルリー。ローマのヴァチカン図書館所蔵。外側目盛は360度の獣帯記号用、偏心の内側目盛は365本の目盛線が入った年次暦用、一番内部にあるのは幾何学的測定用のシャドウスクエア。

での数字を表す場合は指での計算に倣い*digiti*（指の数字）、それ以上の数字の場合は*articuli*（関節の数字）と呼んだ。ヨーロッパ学問史において算盤は〈デジタルで〉作業する、すなわち相互に無関係の数字記号で結果を表示する最初の計算機であり、ぎこちなく普遍化が進む只中での賢明な分割を象徴した。算盤は、歴史とは無関係の合理性に至る道を開いた。書かれた素材の整合性から判読する素材の明白性へと突き進み、整数（*integri numeri*）同様に分数（*minutiati*）がますます重要視されるようになったのである。

たとえば幾何学の定理を検証するためにこの計算盤を使用する者をジェルベールは〈算盤家《アバキスタ》〉と呼んだ。しかし算盤家は〈暦算家《コンポティスタ》〉ではなかった。ベーダが指での計算を用いたような、整数を使う簡単な年代計算にジェルベールはまったく関心を示していない。算盤は分数の導入に役立てたはずなのだが、分数も彼の頭にはなかった。彼が時間を数字で表現する時は、桁の大きな数字だった。九九六年、ジェルベールは皇帝オットー三世宛の書簡で優雅にこう書いた。〈算盤の極大数が陛下の御世を定めたもう〉。ジェルベールが皇帝の寿命を表わすと述べた、この算盤で表示可能な最大数は二七桁だった。この想像も及ばない願望的な数字では、それが年数か日数か時間数かはほとんど重要ではない。具体的な数の特定が問題となる場合には、彼は算盤もアストロラーベも諦めて、不定時法の時間を求める旧来の基本公式に甘んじている。九八九年、ジェルベールはその時間を測定するためにアッボ同様に水時計の使用を提唱し、その助けを借りれば時間表（*horologia*）を作成できるとした。しかし彼は正時のみを記し、また太陽年を越える単位を扱わなかった。目に見える対象を測定することが重要性を増していった。しかし精神で捉えた対象を計算することは相変わらず別問題であり、こちらの方が急を要した。[92] ジェルベールは暦算学を算術から除外したが、彼の後継者たちはそれを数学に採用する。

おそらくジェルベールの弟子が九八九年以降に著したと思われる学術論文『アストロラーベ活用論』は *computare*〔計算すること〕に言及している。この器具を使って恒星の位置を確認するには、足し算をせねばならないからだ。教会の仕事に有用であることについてはさりげなく述べているにすぎないが、*computus*〔暦算法〕という表現は避けている。*calculator*（計算するもの）という名称も同論ではアッボの著書とは違って人間ではなく、《スパイダーの外縁部にある小さな突起物》を指した。これは《獣帯記号の磨羯宮が始まる部分にあり、スパイダーが回転する際に本体プレートの外輪に刻まれた目盛に沿って動き目盛の数値を示す》ものだった。スペインから送られたさらに古い使用説明書にはアラビア名 *al-muri*（時針）としかなく、これは *Almeri* と綴られた。この装置は、ジェルベールが提案した水時計による測定を用いいなくとも、不等時間の長さを決めて均等時間に換算するのに役立った。すなわち円の三六〇度が二四時間を表すので、一時間は一五度に相当するのである。

この目盛を読み取る行為は、〈目盛の範囲内にある限りの部分が計算される〉とあたかも時針そのものが算出するかのように記述されている。こうした新たな専門用語が基本的な認識を明言したことは、その後に大きな影響を及ぼした。すなわち器具が正しく組み立てられ調整されていれば、無段式で変化する様々な数値を相互に関係付けるアナログ表示が人間の記憶力と計算作業を肩代わりしてくれるのである。人間の代わりに働くばかりか、人間よりも上手に計算する。アストロラーベはヨーロッパ科学史における最古の〈アナログ式〉計算機、暦算法の近代的競争相手、封建制による権力拡散が進む中で中央集権的な調和のシンボルとなったのだ。(93)

アストロラーベと算盤は数学の枠組を広げ、数学の専門分野である算術、幾何学、天文学の共同作業を強化した。年代計算は数多い応用例の一つにすぎなかった一方で、年代計算者には算盤よりもアストロラーベの方が役立ったにせよ、天文学には統合されなかった。ヴュルツブルク出身のある算術論文の著者はこのことを理解しており、同論は暦算学を気にせず〈算盤家《アバキステ》〉のみを扱った。それにもかかわらず一〇三〇年頃になると同じ著者が、苦労して算盤を使う者なら誰でもそう名乗る資格があるかのように、算盤家を〈暦算家《コンポティステ》〉と呼んでいる。(94) 一〇四六年頃、リエージュのフランコは円の求積法を討議する際に幾何学の方法と算術の方法を結びつけたが、算盤を使う〈計算者《カルクラトレス》〉の行う作業を表わすのに *computare* という動詞を当然のように利用した。暦算学の専門用語と手法は消散して、一般数学の用語・手法と混じり始めたのである。(95)

こうした風潮に異議を唱えたのは保守的な修道院で、たとえばザンクト・ガレン修道院がそうだった。一〇一〇年頃、同院の修道士ドイツ人ノートカーはある弟子の熱烈な知識欲をかわすために『暦算法の四つの質問について』を著した。後に歴史記述者エッケハルト四世となったその若者の望みは、暦算家《コンポティスタ》になることに留まらず、かつてのオーセールのヘルペリクスのように〈几《スク》帳面な計算者《ルプロスス・カルクラトル》〉として暦の時間枠を、とりわけメトン周期を一時間よりも小さい単位まで分解することだった。キリスト教の年代計算が抱えるもっとも重大な誤謬の源が整数を使うことにあると彼は察知したのである。ベーダは計算することで宇宙を細分化してはならないと警告した。しかしノートカーはヘルペリクスが思っていた以上に、暦算学のおおまかな法則を擁護するためには早急に実地調査に頼る必要に迫られていると見なしたのだ。すなわち、いわゆる月の跳躍《サルトゥス・ルーナエ》の後、天空の月はまさにベーダが計算した通りの位置にあるということである。エッケハルトはこれに納得したらしく、暦算学としての素質をそれ以上伸ばすことも、精通していたアストロラーベを使ってその素質を深めることもせず、大修道院領の聖人伝作家・歴史家となった。[96]

それにもかかわらず、ノートカーもまた暦算家たちの使う専門用語を信頼して受け売りするつもりはもはやなかった。一〇二〇年以前に詩篇を翻訳した際に、第九三詩篇の冒頭に週の第四日を表わす抽象的な数え方 *quarta sabbati*〔安息日《サバト》から四日目〕を見つけた。彼はこれを分かり易く *in mittauuechun*〔一週間の中央の日〕と翻訳して、一週間が日曜日から始まることを示唆するとともに、異教の神メルクリウスを追放しようとした。ノートカーの決断の結果、われわれドイツ人は水曜日をほとんどのヨーロッパ人とは違いメルクリウスの日とは呼ばず、〈週の中央（*Mittwoch*）〉と呼ぶのである。一週間が月曜日から始まると見なす現代的な感覚からすれば、水曜日はもはや週の中心ではないのだが[97]。しかしノートカーはそれほど考えなしに語ったわけではない。彼は計算の理論と観察の実践の間にあるギャップ、学問と日常語のギャップに耐えられなかったのだ。

　ライヒェナウのベネディクト派修道士、不具のヘルマンは既存の原則をまず徹底的に究明したうえで、調整して矛盾をなくそうと思った。彼の若い時代の著作『音楽論』（一〇三〇年）では、あらゆる学問を支える二大柱をかつて例がないほど細かに定義した。それは《満場一致の判断と自然の克服されざる真実》である、と。そのどちらも年代計算と音楽理論の基礎が共通であることを明らかにした。すなわち、七音は週の七曜日と同じく繰り返し現われ、順序はつねに変わるものの、音そのものはつねに変わらない。巧みに形作られたあらゆる生の有する、自然に秩序付けられた〈構造《ストゥルクトゥラ》〉は数字で構成されている。もっともヘルマンは、メロディーとリズムが理性のみならず情熱に語りかけることも承知しており、アウレリアヌスとは違って、ここではもはや暦算法《コンポトゥス》を話題にはしなかった[98]。

　同じようにヘルマンは算術や天文学の研究でもこの専門的な表現を避けたが、本人はアストロラーベのような器具を *horologia* と呼び時間測定に使用したし、アストロラーベの時針を表わす *calculator* という名称も受け継いだ。計算機械としてのアストロラーベは測定を行うことも省く

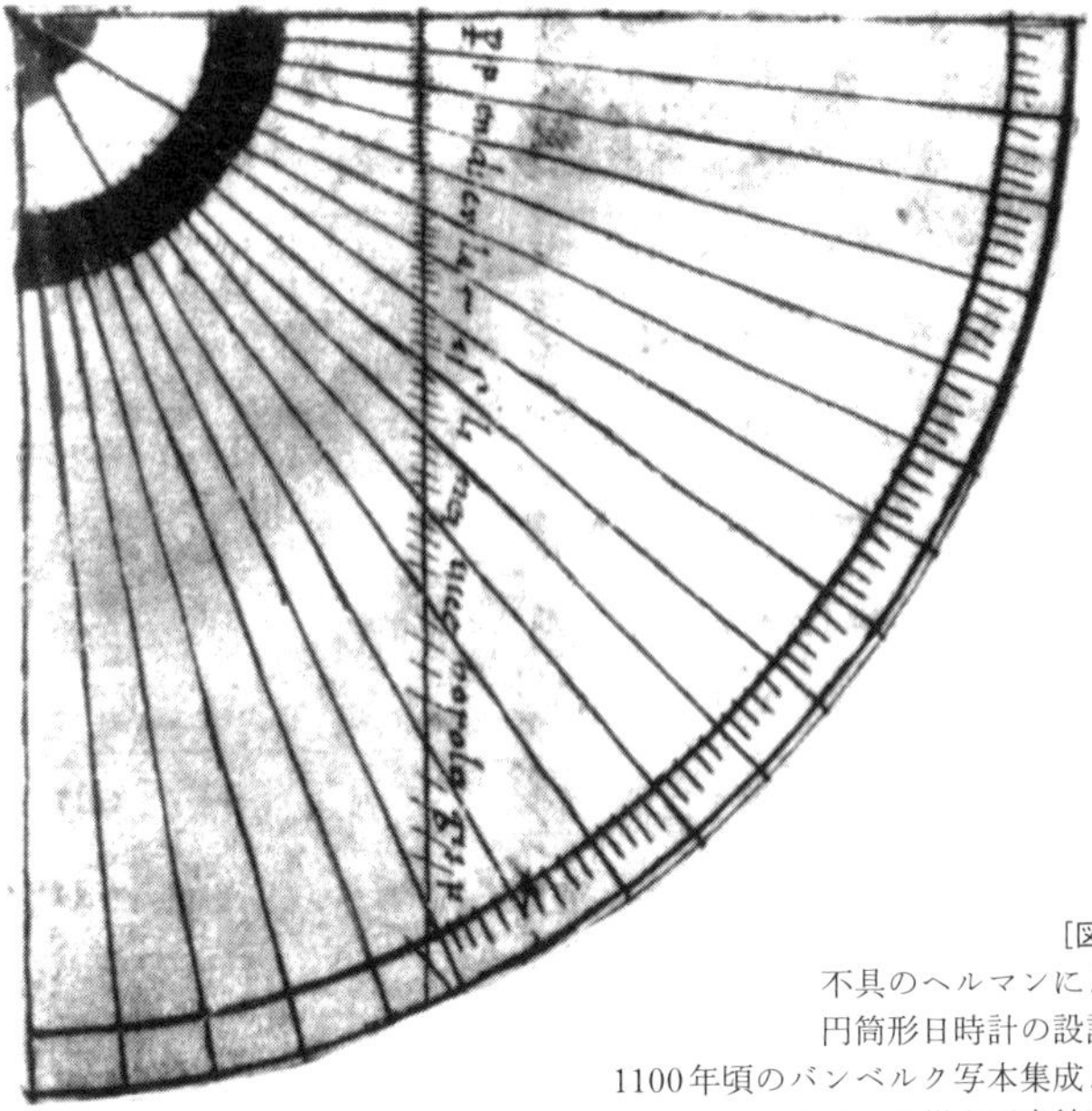

［図11］
不具のヘルマンによる
円筒形日時計の設計図、
1100年頃のバンベルク写本集成より、
カールスルーエ州立図書館所蔵。
太陽の高さが放射線状に記入されている（最高は66度で、これがライヒェナウ島における太陽の最高高度である）。左側の垂線が円筒の長さであり、そこから中央の垂線までが指時針の長さである。円筒部の月を示す目盛に合わせた指時針の影が、その中央の垂線（perpendicularis linea）上の太陽の高度を示す目盛まで延びる。

ことができたし、計算も測定もできない人々には信頼できる計時器としても役立った。一〇五〇年にヘルマンもそうした計時器を発明している。それが円筒形日時計である。彼はライヒェナウ島での一年間にわたる太陽の高度の変化をアストロラーベを用いて測定すると表にまとめ、その角度の数値を幾何学の（ほぼ三角測量に近い）記号を使って、数値に比例した線上の間隔に置き換えた（図11参照）。

さらにそれを小さな円筒上に半月単位で引いた垂線に転記し、下部の終点から曲線を延ばした。この曲線がアストロラーベで時刻を示す曲線と同じ役割を果たした。そして円筒の上部には回転式の水平指時針を取り付けた（図12参照）。測定時と同じ月にあたる垂線にこの指時針を合わせてから日時計を太陽に向け、針の影と曲線が一致する点から時刻を読み取るのである。円筒形日時計は複雑なアストロラーベに比べて生産コストが低く、操作が容易で、携帯に便利であり、それでありながら一定の有効範囲では伝統的な日時計や水時計よりも正確に時刻を示した。辺りを見回しても何もない平地で暮し、労働時間が太陽の位置に左右される人々全員に〈牧人の時計〉として見事に役立った[99]。これは俗人向きの時刻を特定する手段だった。しかし暦算学は学者向けの年代計算であり、それ以外のなにものでもなかった。

　この暦算学の力を借りてヘルマンは一〇四〇年代初期に吃音者ノートカーの殉教者列伝を改訂し、ライヒェナウ大修道院領における最古の聖人の祭日である聖マルコの日を再計算し、歴史的な資料を使って最近の聖人であるアウクスブルクのウルリヒの生涯にかかわる日付を修正した[100]。典礼上の習慣は歴史上の真実とは一致しない。この点でアッポは正しかった。しかし暦算学による計算も自然の真実とは一致しない。ヘルマンは一〇四二年に自著『暦算法』でこう問うている。《実際の月齢が往々にしてわれわれの暦算法《コンポトゥス》や先達の規則と一致しない誤謬の原因は一体何なのか、そしてベーダ氏自身が認め、われわれの実地調査も裏付けるように、月が算出された日付よ

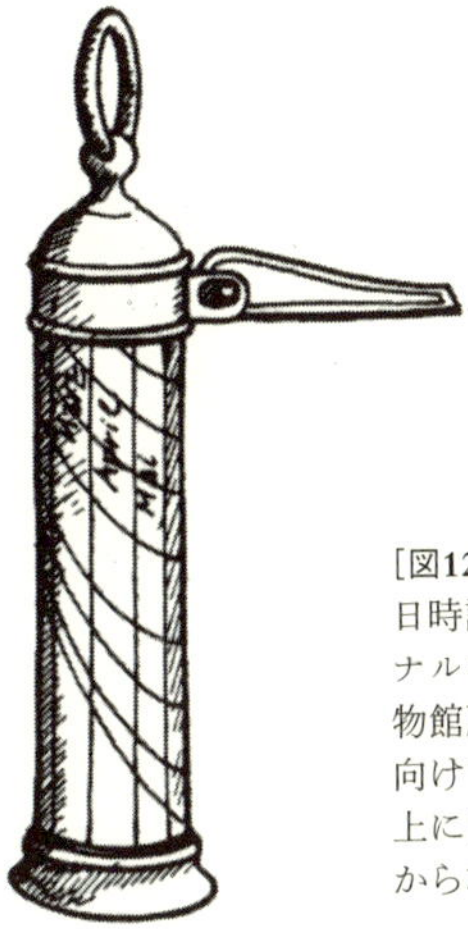

［図12］〈牧人の時計〉と呼ばれた真鍮製の円筒形日時計、全長6cm。17世紀フランス北部のオリジナルを基にドイツで作った複製、ベルリン工芸博物館所蔵。円筒部に記された曲線は、上から下に向けては午前の時刻（5時から12時）を、下から上に向けては午後の時刻（12時から9時）を、左から右に向けては月の目盛を示す。

りもたいていは一日、時には二日も早く天空で満ちた姿を見せる理由は何なのだろうか》。醒めた精神で答えればこうなる。自然の真実に近づこうとする者は、ベーダより徹底的に観察し、ベーダより正確に計算し、算盤では細かい分数に気を配り、アストロラーベでは角度の些細な偏差に気をつけねばならない、と。

暦算家（*computista*）とは何よりもまず計算者（*computator, calculator*）であり、探求する対象は怠惰で忘れっぽい大勢の人々向けの基本公式ではなく、あらゆる専門家たちから検証された自然《ナトゥラリス》の計算《カルクラティオ》なのである。ヘルマンはそれを、比喩詩よりもむしろ対数表のように見える暦表で徹底的に計算した。[101] 一〇八四年に年代記執筆に着手した際、彼はこの新しい暦表を手がかりにこの千年単位の順序を検証する。ヘルマンは、自然の時間と同じく人間の時間でも、重要なのはこれまで疎かにされてきた分数、〈アトム〉や〈モメントゥム〉などの最小単位であることを理解した。星辰の精密な運行が守る同じ瞬間が、人間の運命の急激な変動をもたらした。年代記には、年代計算を発展させてきた歴史上の重要な諸段階も記載された。過ちを犯す人間が作ったからこそ、暦算法《コンポトゥス》には歴史がある。ヘルマンはベーダとドイツ人ノートカーの主張を繰り返し修正したが、それでも不一致点が見つかった。そこで晩年のヘルマンは、年を経て威厳を備えたキリスト教会の年代計算体系が誤った根本的想定に基づいていることにうすうす感づいた。彼がそれに気づいたのも、カッシオドルス以来初めて暦算学の規則《ラティオネス》よりも時間測定の実験《エクスペリメンタ》を信頼したからこそである。もし専門家たちがアストロラーベを頼りにヘルマンの例に倣ったとすれば、やがては力を合わせて自然により忠実な暦算法を確立できたことだろう[102]。

だがそのような展開はそれほど早急には期待できなかった。不具のヘルマンは暦算学、殉教者列伝、年代記の三大ジャンルが織り成す広範な専門領域をマスターした最後の人物となった。一〇五四年に彼が没する以前に、カロリング朝時代以来この三分野を束ねてきた絆は断ち切られていた。これについては、司祭修道士ベネディクトボイエルンのアーダルベルトの振舞いが意味深い。一〇四七年に彼は自分の大修道院領の死亡者名簿作成に着手し、その書を『暦算法《イストゥム・コンプトゥム》』と名付けた。なぜならそれは古い殉教者列伝と同じように教会暦年の日付を基準に整理され、暦算法表が添えられていたからである。それでもアーダルベルトはもはやベーダと違い、典礼上の祝祭を行うのに敬虔な畏怖の念を抱きはしなかった。彼は死者の記念日の間に自分自身の叙階式の日付、一〇四七年三月一三日を割り込ませた。要するに殉教者列伝をメモ式カレンダー扱いしたのである。[103] 暦算法の歴史そのものが証明するように、神の時間と聖人の時間は人間と民族の時間に一致しない。それならば教会と俗世はそもそも同じ時代に生きていたのだろうか。

Ⅶ　一一、一二世紀における与えられた時間とその利用

一一世紀末、教皇グレゴリウス七世の教会改革と十字軍運動はヨーロッパにおける生活の合理化を早めた。分裂していた諸国民を団結させたのである。しかし改革者たちは自分たちの活躍する今現在こそが教会史の将来を決定する時代だと思っていたので、もはや歴史には、まして暦算学《コンプティスティーク》には注意を向けなかった。宗教の刷新によって聖人像が変わってしまったため、歴史的な殉教者列伝も時代遅れになった。歴代教皇は宗教的権威の力を振るって、新たな名前を聖人暦に書き入れることを差し控えさせたし、それより古い時代に関しては、古書の弄する詭弁がなくともウスワルドのハンドブックで十分だった。

時間と数字が救済史よりも日々の出来事に深く介入したことを理解したのは、もっぱらオーリヤックのジェルベールの同郷人であるフランス人だった。彼らは暦算学、殉教者列伝、年代記の

三大ジャンルをカロリング朝時代風に統合させようとはもはや努力せず、それらの補助分野を互いに独立させた。一〇八一年から一〇九三年にかけてブザンソンのジェルラン修士は算盤《アバクス》と暦算《コンプト》法《ウス》の両方を扱った最後の人物となったが、それも遠い将来に向けた概括的な目標があったわけではなかった。彼は算盤家《アバキスタエ》の技術をもっとも時宜にかなった分野と見なしていた。なぜならそれは日常的な経済活動の問題に関与するからであり(《百マルクを一一人の商人で分けるにはどうすればよいか?》)、彼はすでにインド伝来の新しい記号とそのアラビア名を使って計算を行っていた。それが年代計算にも使えることをジェルランは見逃した。彼は自著『暦算法』に新種の月周期暦をつけ加える。なぜならよく考えてみれば暦算家たちもまた、たとえば一〇九三年に生じた日蝕の星位を調査する計算者《カルクラトレス》たちにすぎないからである。[104]

改革派で高等教育を受けた聖職者トゥールネーのオードは一〇九〇年頃に『算盤規則集』を著し、あらゆる学問において算術が教育的価値を有することを強調した。しかしこれはカッシオドルスやアギウスの場合とは意味合いが違っていた。オードによれば、数字の理論なくして算盤家《アバキスタ》は計算の法則を理解できない。〈計算とはすなわち暦算法の根拠である〉。インド産の記号とアラビア語の名称を伴って伝来した新しい算術が完全に暦算法を獲得したことがここですでに認定されたのだ。[105] 数字が時間から切り離されたように、神学も歴史から分かれた。一一〇〇年頃にオータンのホノリウスは『教えの手引き』で信仰の真実を誰にでも理解できるように記述した。同書で彼は天地創造の年代ではなく、神が創造に要した期間を問うて、こう答えた。《一瞬である》。サタンが天国にいた時間は《一時間に満たず》、アダムが楽園にいたのは《七時間、それ以上ではなかった》。ホノリウスが考慮したのはキリストが何年に生まれたかではなく、生誕が最後の審判と同じく真夜中だったことであり、後者の年代にもまったく興味を示さなかった。キリストが四〇時間死んで横たわっていたことは、復活祭の日付計算ではなく神秘的な掛け算のきっかけとなった。イエスがそうしていたのは、《十戒で死滅した世界の四地域を復活させるため》だった。時間とは、本質的には暦において一回しかない一瞬であり、典礼の時間でも宇宙の軌道でもないのだ。活動的な人々はすでに時間が足りないと嘆き始めていた。しかし数字は、時間を超越してわれわれ人間を取り巻く言語に絶する存在を表わす重要な記号として、寓意的な解説に役立った。[106]

アウグスティヌスの歴史神学は時代の比較をこのような象徴としての数字に限定したが、その唱道者で極めて大きな影響力をもつドイツ人がパリにいたサン・ヴィクトールのフーゴーだった。一一三〇年、フーゴーは世界の六年代と人間の六年齢期の間に存在する広範囲に及ぶアナロジーについて論じた。そのための数字の枠組はベーダから引き継いだが、ベーダのようにそれより短い期間の計算まで手を伸ばすつもりはなかった。生徒時代のフーゴーが数学に興味を抱くようになったのは、おそらくトゥールネーのオードがきっかけだったと思われるが、フーゴーはすでに数学への興味を卒業しており、アストロラーベも時間を特定するよりもむしろ地面を測定するのに用いた。フーゴーが暦算法《コンポトゥス》を話題にする時は、宗教の研究に向けた子供時代の予備練習、すなわち一五〇篇の詩篇を数え上げることしか意味しなかった。生徒たちは毎度毎度本で調べずにすむように、詩篇をすべて暗記せねばならなかったのだ。数字を記憶する訓練は年代計算にも時間の節約にも役立ったが、それはより繊細な目標のための手段にすぎなかった。フーゴーは読み書きを高等教育の総括概念として評価し、それどころか現象世界の一切を神の手になる書物と解釈した。宗教的瞑想によってのみ、神の記した文字を解読できるのである。[107]

一一世紀以降、音高《ピッチ》もaからgまでの七文字を用いて表現したので、シトー会の讃美歌を改革したウーのグィードは一一四〇年頃に著した音楽論文で、調記号bではなく音bが〈学問的な自然の計算〉にふさわしい、と説いた。グィードは計算《コンポトゥス》を構成《ディスポシティオ》を用いて解説した。これはすなわちアルファベットにおける文字の一般的な順序を意味するのだが、それまではアッポのように文字が年代計算の表に入り込むことはなかったし、文字を使って音の持続時間を区別することもなかったのである。[108]本のメタファーは音楽専門家の文献に専門語彙として広まったが、しかし不具のヘルマンも主張していたような、年代計算と教会音楽の耳で聞き取れる共通点は新たな特殊分野に席を譲った。それはかつて修道院改革者たちが着手した宗教の合理化を一般信徒の日常に持ち込んだのである。

ゲルマン人の国々では、時間理解と数学が礼拝や天体観察との敬虔な混合物から分離する過程はさらに緩慢だった。帝国の歴史記述者たちはヘルマン以降半世紀の間、自分が年代計算者だと理解していた。たとえば、マインツで一〇七六年までの年代記を著したアイルランド人の隠修士マリアヌス・スコトゥスである。同年代記にはスコトゥスの自伝が含まれているが、それと同時に、異論が出ていたキリスト受難の日付決定を中心に論じており、また暦算家《コンポタトル》の名誉称号をベーダに授けながらもディオニュシウスには拒んでいる。[109] 教区司祭コンスタンツのベルノルトは不具のヘルマンが著した年代記の続きを記し、暦算学の諸法則と先達ヘルマンを暦算家《コンポティスタ》として称賛する言葉を添えて一〇七四年に刊行した。彼が一〇九三年にヘルマンを計算者《カルクラトル》として褒めたたえた際も、同じ才能を指している。その他にベルノルトは一〇七四年から一〇九六年にかけてカレンダーを作成したが、これには殉教者列伝、暦算学、歴史記述に関する記事が同等に掲載されている。[110] 一一〇〇年頃、バンベルクで学識ある修道士と教区司祭の一団がミヒェルスベルクのフルトルフを中心に集い、音楽理論、年代記執筆、暦算学に関する詳細な研究に没頭した。彼らは特に好んで暦算家《コンポティスタ》と自称した。もっともフルトルフ本人の年代記において暦算学の覚書が果たしている役割は、動揺する過去や激動する現在を記述する際の補助的なものでしかない。[111]

　暦算家たちの長い休息期間はここでも終了となった。一一〇〇年以前のことと推測されるが、南ドイツのある大修道院領に隠棲する匿名の学者が宇宙と魂に関する著作をものした。その学者はまだベーダの名前の背後に隠れていたものの、プラトンとほぼ同じように、あれこれと計算するだけの暦算家《コンポティステ》と、自然と物事の真実を探求する哲学者《フィロソフィ》をすでに区別していた。[112] 同様の考えは、一一〇〇年頃に『トレヴェリー族事績録』を著したベネディクト派の作者がヨシュアという名のユダヤ人医師に二つの名誉称号を与えた際に見られる。すなわち自然科学（*phisica ars*）の教養高く、年代計算者（*compotista*）として優秀なり、と。両分野が一致することは、トリアーでももはや自明の理とは見なされていなかったのだ。[113]

ベネディクト派修道士ジャンブルーのシジュベールは一〇八〇年代以降を記した年代記で、ディオニュシウス・エクシグウスが〈暦算法理論《ラティオ・コンポティ》〉を誤り、キリスト生誕以降の年代を計算し損なった、と訴えた。一〇九二年にシジュベールの『一〇年紀の書』は年代計算の主要問題を個々に調査した書だが、もはやタイトルに〈暦算法〉の語を冠してはいない。シジュベールは先人たちの過失を叱責はしながらも、諦め顔でこう結論付ける。すなわち、深く根を張ったディオニュシウスの誤謬は近代《モデルニ》の、すなわち最近の年代記作者《クロノグラフス》であるマリアヌス・スコトゥスのもっとも真実に近い反証にさえも耐えたのであり、そして暦算法《コンポトゥス》のきわめて論理的な論拠は、《自然の真実よりも人間の鋭い洞察力により証明されている》、と。暦算家たちが推論をめぐり議論を戦わせている間に、自然の星辰運動は霧の中に姿を消し、それとともに神の計り知れない時間秩序も消え去ったのである。[114]

そうこうするうちにドイツでも、比較的短期間の熱心な試みが暦算法《コンプトゥス》の名を引き寄せた。バンベルクの学校に通ったブレーメンのアダム修士は一〇七〇年代に『ハンブルク教会史』で、過去の記録と状況の予測を区別した。医師や香具師が患者の長寿を予言すれば、その行為はアダムにとって〈計算すること《カルクラーレ》〉を意味した。しかし過去二百年間のブレーメン大司教たちが在任した暦上の日付をコルヴァイ年代記から探り出した際には、この作業を〈暦算法《コンポトゥス》〉と呼んでいる。[115] アダムがこの語で意味したのは年代記でも復活祭の日付計算の案内書でもなく、少なくとも紀元年数に従って区分された歴史書だったのである。

レーゲンスブルクで教育を受けた修道院改革者ヒルザウのヴィルヘルムは歴史に手を出さなかった。彼は不具のヘルマンの指導通りにアストロラーベを使って、天文学上の長期に及ぶ時間を特定する術を心得ていた。一〇九一年にコンスタンツのベルノルトは、ヴィルヘルムが天空をモデルに自力で〈自然の時計《ナトゥラレ・ホロロギウム》〉を考案し、暦算法《コンポトゥス》が抱える多くの問題を解決した、とさえ述べている。一〇七七年頃、フルリーのアッボと同じくヴィルヘルムもヒルザウ大修道院領で昼夜の典礼の時刻、とりわけ起床時間をもはや一番鶏任せにはしなかった。その代わりに水時計や、水時計がうまく機能しない場合には蠟燭や星辰観察を用いて正確に特定して鐘で告げるよう命じた。このように短期間を対象とする測定は、とりわけ書物に記録されなかったこともあり、暦算法とは格付けされなかった。しかしヴィルヘルムが修道院の穀物管理人に毎年の収穫量を正確に記録するよう命じた際には、ある異本で簿記を *computus* と呼んでいる。[116] この言葉は測定可能性、規格化、書式という含みをもつようになった。一二世紀初頭に記され、不具のヘルマンの著作も複数含むレーゲンスブルクのとある写本は、語彙集で *compotus* を完全にドイツ語化して *zalpōh* と書いている。ここでこの語は時間に関する本ではなく、単に数字だらけの本を意味した。[117]

暦算法をさらに大胆に改変したのはイギリス人だった。ノルマン人の王たちは一〇八六年に『ドゥームズデイ・ブック』を編纂した際に、すでに応用算術と深い関係を結んでいた。一一二〇年以降ベーダの歴史書を引き継いだマームズベリーのウィリアムは、ベネディクト派修道士として暦算法《コンポトゥス》という語が有する天文学上の意義を知ってはいたものの、アストロラーベのように天文学的な馬鹿騒ぎを引き起こす可能性を危惧して理論の革新には反対した。しかし主の受肉から八六七年目、アングロサクソンの王が落命したヴァイキング相手の戦闘について語るウィリアムは、同胞の犠牲者を次のように記録した。《九人の公爵、一人の王、その他に無数の民（*populus sine computo*）》。[118] 戦争で失われた人命の数を従来よりも正確に明示したのであれば、平時での金銭受領の記録はなおさらだった。一一三〇年頃編纂されたアングロサクソンのエドワード懺悔王の法令集は、ロンドン市を王立控訴裁判所の常設地と定めたが、そこでは王室への支払い《アルドゥア・コンポタ》に関する異論も取り扱った。[119] 一一三一年頃、ヘンリー一世は大きな利益をもたらす二つの官職をロンドン市民に委託したが、その条件は計算により《アド・コンポトゥム》三百ポンドを支払うことであり、すなわち王の財政官庁である財務府の目の前で計算能力を証明することだった。[120]

一一七八年頃、財宝庫長イーリのリチャードがこのロンドンにある官庁の作業方法を記述しており、上級財務府で大きな金額を担当し古風に算盤《アバクス》を使う計算係《カルクラトル》ばかりか、下級財務府で受領した現金を数える四名の計算係《コンプタトレス》も紹介している。巻物《ロール》に記された年度ごとの最終決算書、いわゆる宮廷財政記録《パイプ・ロール》はリチャードの記述では *magni annales compotorum rotuli* と記されている。財務会計こそが現代における本質的な意味での歴史記述となったのである。[121] 暦算法は、あらゆる変動を超越して理論的に時間概念を解説することをやめて、今現在の算術的応用に埋没しようとしている。貸付による利息、為替手形の支払期限などを伴う新たな経済活動が、時間と数字との宗教的および質的な従来の関係を物質的および量的なものに完全に置き換えてしまうのだろうか。

Ⅷ　一二、一三世紀における時間の分解と統一

一二世紀は数字の陶酔に心囚われはしなかった。この初期スコラ哲学の時代は、時間を理論的に分解することで暦算法《コンプトゥス》のその後の運命を決定した。新たな貨幣経済は人々の不興を買ったが、その大きな理由は質より量を目指したことではなかった。国王や司教、貴族や農民もその振舞いに変わりはなかったのだから。それよりも、神から賜った誰のものでもない時間を都市の金融業者が私的に働かせたことに腹を立てたのである。教師たちのやったこともそれとほぼ同じで、彼らは授かった知識を教会の枠内で神からの報いと引き換えに他の人々に分け与える代わりに、都市の市場で金銭と引き換えたのである。(122) 勃興する都市住民層が刹那的な目的で長いスパンの時間を私物化するのであれば、この時間のどの部分が彼らの正当な取り分なのかを新たに検証しなければならなかった。

一一四〇年頃、パリの哲学者ピエール・アベラールは主著『ディアレクティカ』でこの問題を取り上げた。彼の言語分析は書かれた文字ではなく語られた言葉が出発点であり、アウグスティヌスとは逆に、文法を基準にして過去・現在・未来と時間を三区分することに固執した。アベラールはこれが純粋な人工物であると説き、こうした言語の時間から自然の時間を区別した。アリストテレスによれば、自然の時間内でのみ、時間と数字は量のカテゴリーに含まれた。それは短い瞬間〔*instantia* あるいは *indivisibilia momenta*〕のみで成り立っている。われわれ人間がみずからの所業と苦悩を見渡そうと欲した時に、初めてこれらの瞬間を言語によって組み立てたのである。確かにわれわれはある行動や情熱を星の運行に倣って〈毎時の〉〈毎日の〉〈毎月の〉〈毎年の〉と呼ぶが、基本的に人間の時間が秩序付けるのは宗教的あるいは自然の諸関係ではなく、個人的あるいは社会的な諸関係のみである。人間の時間は算術により区切ることも暦算法により纏めることもできないが、われわれの肉体労働や頭脳労働と同じくわれわれ人間のものなのである。(123)

アベラールが *computare*〔計算する〕や *computatio*〔計算〕という表現を用いるのは、ある概念をどの論理的カテゴリーに当てはめるべきか考慮する場合のみである。(124) それは暗喩的な物言いであり、そもそも彼の言語理論と自然科学は何の接点もなかった。《なぜなら哲学には自然以上の能力があるからだ》。本人の証言によればアベラールは算術をほとんど理解せず、数学《マテマティカ》としての天文学は占星術として片付け、幾何学についてはざっと述べるのみであり、音楽はまったく話題にしなかった。[125] 数字に関する古の諸学問、それと共に暦算学《コンプティスティーク》の諸研究は、スコラ哲学の解釈学や、その養育場である神学科、法学科、医学科、哲学科を備えた大学では周辺へと追いやられた。アベラール本人も、大学教員たちは高利貸同様に計算を行い、時間制限を設けた授業と引き換えに学生たちから聴講料を取り立てる、と告白している。数字が世俗の金銭支払いを記帳するだけのものであれば、学者がそれ以上の注意を向ける価値はなく、学者が自分の時間について釈明をするような場合はとりわけそうだった。[126]

歴史記述はアベラールのラインに方針転換した。一二世紀のもっとも卓越した歴史家であるドイツ人フライジングのオットーとイギリス人ソールズベリーのヨハネスは自分たちが文字による時代記録者（*cronographi* あるいは *cronici scriptores*）であると理解しており、もはや暦算学を用いる年代計算者という意識はなかった。確かにベーダに頭を下げてその年代序列（*annorum supputatio* および *series temporum*）を尊重はしたが、年代計算の争点や暦算法《コンプトゥス》という言葉は避けて通った。正確な日付や数字を特定することなく、克服されざる過去と見通しの効かない未来の狭間で、功績と辛苦のめまぐるしい瞬間的な変化を記述したのであり、回帰する年や前進する年の連続は対象にならなかった。彼らの同時代人たちは、歴史記述そのものを永劫不滅なるものの証明ではなく、不安定な歴史的現象と理解し始めたのである。[127] これ以降われわれは、暦算学の研究に打ち込む偉大なヨーロッパの歴史記述家という存在を耳にすることがなくなる。[128]

数学と自然科学をラテン教育の中核領域から追放したことは、相反する結果を招いた。神聖視された日や数字が失った重みを、取り決められた期日や演算が手に入れたのである。これらは神の現実性を告知せずに人間同士の関係を結んだ。教皇権が指導的役割を果たすことを義務付けた一二世紀の教会法は、司祭たる者暦算法《コンプトゥス》を修得すべしというカロリング朝時代の要請を更新はした。一一四〇年頃、聖職者には多彩な教養があるべしと考えたグラティアヌスはこの要請を『教令集』で取り上げる。しかし彼は、算術が幾何学や音楽と同じく視野の狭い分野にすぎず、一般的な信仰心とは無縁と見なしたので、一般に通用している暦の諸規則の知識を求めたにすぎなかった。(129)

こうして暦算学は法学者たちの管理下に入る。暦算法を続ける者は異端に接近しやすかった。それには、この頃になると異教徒の方法で計算するようになったという理由もあった。すなわち十字軍の時代に、ヨーロッパ人は渋々ながらも敵であるイスラム教徒から計算方法を受け継いだのである。(130)もっとも、こうした事情に怯まない者は、今や大学の責務でもある世界規模での意味の確立という重荷からも解放された。さらに、扱い難いローマ数字、算盤《アバクス》、計算石ともおさらばできた。それに加えて、無限に分割できる分、秒、テルティア〔六〇分の一秒〕を備えたバビロニア－ヘレニズム－アラビアの六十進法のおかげで、ラテンの古典古代時代後期から暦に制限を加えてきた、自然数の、あるいはせいぜい理性的な数字の単独支配からも解放されたのである。

一二世紀末以降、年代計算は予想もしなかった興隆を迎えた。これは現代の研究者がたちがまだほとんど認識していない事態だが、著しい結果をもたらしたのである。すでに一一世紀末には算盤家《アバキスタエ》たちはイスラム教徒の筆記方法および計算方法を使って理論的に戯れていた。整数論からは十進法という新しい計算方法、アル＝フワーリズミー〔九世紀アラビアの数学者〕の算術の本にちなみ命名されたアルゴリズム〔アラビア式計算法〕が国王の金融政策や市民の貨幣経済よりも先に学者たちの暦算学に持ち込まれたのである。端緒を開いたのは一一四三年にドイツ南部で刊行され、それ自体は伝統的なタイトルを掲げた『ザルツブルク暦算法』だが、アルゴリズムのぎこちない導入はそれ以前に行われていた。新しい可能性を算術的に検証もしないままに、同書の匿名の著者は年代計算の方法をインド産の記号に置き換えたのだが、歴史記述者や商人はさらに二世紀にわたり扱いにくいローマ数字で苦労を重ねた。(131)

一一七一年に十進法のチャンスを十分に利用したのが、パーダーボルン司教座教会の参事会長ライナーである。彼の著書『誤謬なき暦算法』は中世の学問が果たした感動的で見事な業績でありながらも忘れられた研究である。タイトルがすでにシグナルを発している。これ以降の暦算家たちは、永遠に有効な年代の順序を広めるのではなく、不正確になった年代の順序を修正し続けることになる。不具のヘルマンの朔望月計算を出発点としながらも、ライナーはインド記号を用いてヘルマンより素早く重要な分数を割り出し、ディオニュシウス・エクシグウスが太陽年と太陰年を計算した古代式暦算法《アンティクア・コンプタティオ》では三一五年ごとに一日分の誤差が生じることを証明した。この推論は異端と紙一重だった。キリストに関する正しい日付を算定するには、キリストの存命中に使われていた暦を利用せねばならない。しかしそれは後期ローマの暦ではなく、現在の教会暦ですらなく、古代ユダヤ暦なのである。いまや暦算家たちもかつての歴史記述者同様に、時間を歴史的に相対化した。

ライナーはこの窮地を脱するために天文学上の論拠を用いたが、これはあまり宗教心を高揚させそうには思えなかった。すなわち、ユダヤの方法を含むあらゆる年代計算は近似値を出すにすぎず、《月の軌道が見せる幾重もの揺らぎ》にあっては暦算法を学ぶ学生《ストゥディオスス・コンポティスタ》でさえ正確な日付決定を妨げられる。それに対してモーセが是認し世界最古の暦となったユダヤ暦は、四九三〇年の間正確に機能してきた。それにもかかわらず、その法則は天地創造の際の諸条件に一致しない、と。この途方もない発見はディオニュシウスのみならず、ベーダやそれ以降の世界年代記作者たち全員に当てはまる。世界はあらゆる暦よりも古いのだろうか。ライナーはその答えを読者に委ねた。彼の問いは四百年後にようやくスカリゲルがふたたび取り上げることになる。

いずれにせよ暦算法ではもはや神の創った世界の構造を認識できず、《毎年の祭がどの日に当たるかを知るために使う学問》にすぎなかった。せめてディオニュシウスの周期表にある特にひどい不一致点だけでも排除しようと、このヴェストファーレン出身の学者ライナーは史上初めて教会暦の実践的な改革を行った。ユダヤ太陰暦を手がかりにキリストの磔刑と復活の年代を再計算したのである。ライナーも承知していたように、《教会が長年固執してきたものをみずから非難することは容易ではない》。教会が暦算法を機に本質を変えることができるか、そのことにキリスト教の真実性が左右されるわけではないが、少なくともモーセの文化、ムハンマドの文化に対してキリスト教の威信は傷つけられ、その学問性は左右された。(132)

宇宙的な、回帰する自然の時間が人間の手から逃れたとしても、人間は少なくとも自分たちの歴史的な、一度しか訪れない社会の時間は互いに調整できた。その際、〈一二世紀ルネサンス〉の時代にあって人々は、聖書の太祖たちよりも古典古代の哲学者たちの方を目指した。一二〇〇年頃、グレゴリウスなるイギリスの学者がローマを訪れた際に、クイリナリス丘に立つディオスクロイ〔ギリシア神話のカストルとポルクス〕像、その傍らに立つ驚異的に巨大で美しい大理石の馬を見学した。概してローマの伝統では、裸体の男性は無欲な哲学者を、哲学者の馬は精神により制御される政治力を象徴すると説明されていた。ところがこのイギリス人が受けた説明では、この像は昔の、おそらくは古典古代の〈暦算家たち《コンポティスタエ》〉の記念碑であり、馬が彼らのお供をしているのは、年代計算者の頭脳の回転が馬並みに速いからだった。この狡猾な旅行案内人が何を考えていたにせよ、単純朴訥な旅行者グレゴリウスは古典古代の時間特定についてほとんど何も理解することがなく、ヴァチカンのオベリスクが日時計だとはもはや分からず、その先端にある球をカエサルの墓石だと思う始末だった。現世の権力の思い上がりと傲さに思いを馳せたのみだったが、そうした慰めの方がこの庶民にとっては年代計算や時間測定を習得するよりも役に立ったのである。[133]

精神的努力が報われるものか疑いを抱いたのが、一二〇〇年頃に『マッサ・コンポティ』を編纂したノルマン人ヴィラ・デイのアレクサンドルである。彼は年代計算を百科事典で、規約にのっとった学問である文法と教会法の間のどこかに置いた。数学者である彼はアラビア人の新しい計算方法も習得し、その使用法を自著の『アルゴリズムの詩《うた》』で教示した。しかしオーセールのヘルペリクスとは違い、算術《アルス・カルクラトリア》と暦算法《コンポトゥス》を比較することはもはやなかった。とにかく聖職者が年代計算について知っているべきこと、今ではもはや知らないことを、扱い易いように約五百行の詩にまとめた。聖職者は教会の万年暦を暗記して機械的に応用することはできたが、やたらに計算したり疑念を抱く必要はなかった。とりわけ役立ったのは一から一九までの黄金数であり、このメトン周期の一九年に付けた通し番号を順番に当てれば、どの暦年でもその年の復活祭日を確定できた。これはカエサル本人が発明したことになっていた。まるでカエサルがキリストの復活を正しい日付で祝おうと欲したかのように……。

アレクサンドルは年代計算のスコラ学風な区分を導入した。それはカロリング王朝後期の〈大暦算法〉と〈小暦算法〉の区別に対応するもので、ライナーが掲げた改革要求の裏をかくものであり、その後数世紀にわたって受け売りされることになる。《暦算法《コンポトゥス》とは時間を確実かつ理性的に区別する学問である。それが動詞 *computare*〔計算する〕から派生した名詞 *compotus* をもって呼ばれるのは、暦算法が人に計算方法を教授するからではなく、人が計算しながら暦算法を学ぶからである。この学問が二つの部分、すなわち哲学的な暦算法と世俗的あるいは宗教的な暦算法から成り立っていることに注意されたい。哲学的暦算法とは時間分割に関して絶対に信頼のおける学問であり、われわれにはまったく無縁のものだ。世俗的あるいは宗教的な暦算法とは教会の習慣を基準とした時間分割に関する学問であり、こちらの暦算法についてわれわれは語ろうと思う》(134)。アレクサンドルはアッボの著書『世俗的暦算法』のタイトルがまだ耳に残っていたのかもしれない。しかしアレクサンドルにはその同じ語がまったく逆のことを意味した。時間がもはや神の永遠の真実を告げ知らせるものでなくなった以上、聖職者たちはリスクを伴う計算を避けて、習慣を頼りにするのが得策だと考えたのだ。なんといってもこちらの方が日常生活には一番役立つのだから。

一三世紀には、統一された社会時間を計算の結果である物理時間と一致させる必要があるか、それは可能か、という問題について議論が続いた。一二三二年から三五年にかけてパリ大学教授サクロボスコのヨハネスは自著『教会式暦算法』でヴィラ・デイのアレクサンドルと同じ結論に達した。サクロボスコはアレクサンドルの覚え歌を熱心に引用したし、書名そのものがその見解への信仰を表明している。人気の高かった天文学と算術の教科書をみずからも書いたサクロボスコは、しかしながら年代計算という科目を一般教養に対して当初はアレクサンドルより精力的に擁護し、天文学の特殊分野と定めた。《暦算法とは、太陽と月の運動に基づいて時間を観察し、それを相互に比較する学問である》。もっとも、盛期スコラ学派の大学で教える天文学はほぼ思弁のみを対象として観察はほとんど行わず、アストロラーベも宇宙論の教材に必要なだけで、暦の修正には使わなかった。いずれにせよ、計算するだけの天文学は暦の修正には役立たなかった。天文学が天体全体の運動を極めて正確に計算するのに対し、暦算学は太陽と月の周期を基準にごく大雑把な時間の方程式を公式化するにすぎなかったのである。

ヨハネスはその周期をプトレマイオスとアラビア人の方法を使って、分や秒など天文学上の小単位の時間まで算術で計算することができた。そしてパーダーボルンのライナーと同じように、結果が教会暦の想定とは異なることに気づいた。しかし遠慮がちに回帰年の修正を行う程度の勇気しかなかった。すなわち二八八年に一回閏日をなくせば《暦の秩序》は回復できる、と。朔望月と、それにかかわる復活祭の日付計算については、ヨハネスは《一般的な習慣に従い》端数を切り上げ、三二五年のニカイア公会議での決定と称するものを盾に取った。《しかし暦に何らかの変更を加えることは公会議が禁じているので、現代人は今日に至るまでこの種の誤謬に耐えねばならないのである》[135]。その程度の間違いなら十分に共存できる。ヨハネスの著作は、大学用の年代計算の教科書ではもっとも人気の高いものとなった。一五三八年になっても、ルターの同志メランヒトンが新設されたヴィッテンベルク大学のために再版したほどである。

　中世盛期最大の百科事典編集者であるドミニコ会修道士ヴァンサン・ド・ボーヴェは一二五〇年代に、数字の扱い方法がイシドルス以来遂げた進歩のほどをおおいに称賛した。彼は年代計算にインド記号を使用することを要請し、その両方を〈暦算法とアルゴリズムについて〉という同じ章で取り扱った。暦算法《コンプトゥス》に関しては——この点で時勢に叶ってもいるが——二つの意味を認めていた。広い意味での暦算法は *numerare*〔数えること〕と同義であり、すなわち暦算法は数字を数える方法すべてを意味した。狭い意味での暦算法は太陽と月の運行を基準に時間を区別し、暦の移動祝祭日を決定するものだった。これに似たことはヴィラ・デイのアレクサンドルも記している。ヴァンサンはそれに加えて、必要とされる小さな単位の時間と長い数列を算出するには新しい記号が必要だと述べている。しかしそこまでで彼は筆を止める。それは専門家の任務であり、百科事典で論じるべき事柄ではないからだ。ヴァンサン本人は自著の歴史に関する項目では暦算学の手法を断念し、むしろ年代記作家のように（とりわけヘロドトスの精神で）、絶対的な暦年よりも統治者の具体的な名前を用いて相対的に年代を確定するほうを好んでいる。彼にとって、暦年はあまりに不確かに思えたのだ。(136)

　それならば年代計算は、同じく盛期スコラ学派が包括的に分析したキリスト教の教義とはもはや無関係になったのだろうか。スコラ学派最大の明星であるドミニコ会修道士アルベルトゥス・マグヌスとトマス・アクィナスは、現代的な手法を使えば時間を極めて正確に算出し観察することができると十分承知していた。そして伝統的で大雑把な手法を困惑がちに〈教会式暦算法《コンプトゥス・エクレシアスティクス》〉と呼んでいた。しかし、それをイスラム教徒のアストロラーベの力を借りていっそう精密に規定したり、それどころか〈哲学的暦算法《コンプトゥス・フィロソフィクス》〉にまで高めることは彼らの職務ではなかったし、彼らの哲学にも反した。なぜなら彼らはアウグスティヌスを模範として時間を主観的に解したからであり、アリストテレスが述べた意味での完全な現実性を認めなかったからである。[137]そこでアルベルトゥスとトマスは、アベラールとあまり違わないのだが、理論的根拠をもって時刻特定を理論的諸学問のテーマの範囲から締め出し、職人の実践に委ねたのである。

Ⅸ　中世後期における暦の混乱と管理

机上の学問に専念する学者たちのこうしたなげやりな見解を一二六三年から六五年にかけて痛烈に批判したのが、オックスフォードのフランシスコ会修道士ロジャー・ベーコンの画期的な『暦算法《コンポトゥス》』だった。この分野に関するベーコンの定義はロバート・グローステストに依拠したものだが、サクロボスコのヨハネスへの宣戦布告、パーダーボルンのライナーへの信仰告白めいていた。それと同時に、スコラ学派の細分化を続ける時間概念を新しい方法で一まとめにしたものでもある。《時間に関する学問とは、外的な物体の運動と人間の作る法則に由来する時間を区別し数える学問である。著作家たちがそれを動詞 *computare*〔数える〕に倣って *compotus*〔暦算法〕と呼ぶのは、時間をその構成部分を使って数える方法を教授するからである。この区分と命名は三通りに行われる。すなわち著作家たちの暦算法《コンポティ》における命名は、自然に基づくもの、権威に基づくもの、単に習慣および恣意に基づくものがあるからだ》。自然を基準にした区別は年、季節、月、日であり、権威を基準にした区別が自然の一年と市民の一年、太陽月と朔望月の区別であり、習慣を基準に区別すれば一ヶ月の長さが二八日、三〇日、三一日となる[138]。

ベーコンの三区分はベーダに由来するが、ベーコンは重点をずらした。つまり時間とは、書物から読み取られる、矛盾しあう諸標識の混合物には留まらない可能性があると説いたのだ。時間に新たな論拠を与えれば、われわれの現実生活は一変することだろう。われわれキリスト教徒がイスラム教徒から愚か者との誹りを受けたくなければ、反キリストが不意に姿を現すまでの短い期間を理性的に分割し利用せねばならない。数学がわれわれの世界を形成する基礎であると認識する者は、この学問を日常生活にも応用して、市民が営む商売を合理化し、キリスト教徒の生活態度を完璧な状態にせねばならず、数字の端数を好き勝手に切り捨てたり切り上げたりしてはならない、と。

われわれの復活祭は実際の月の状態から三、四日遅れている。昔の暦算家《コンポティステ》たちとは違い整数での作業が許されないにしても、いやまさに許されないからこそ、われわれは自然と芸術をふたたび傍目にも分かるように融和させることが可能なのだ。太陽年と朔望月はすっきりした算術の公式にはできず、そのために星辰の軌道と教会暦は大雑把に近づけることしかできない。ベーコンはこう述べた。相変わらず年代計算は時間測定の遙か頭上にそびえ立っていたので、ベーコンは不正確すぎるアストロラーベにせよ、中世盛期のイスラム教徒が用いた精妙すぎる水時計・日時計にせよ、器具を使う実験は一切行わず提唱もしなかった。しかし少なくともキリスト教徒の時間分割は、アラビア人たちが可能な限りで最善の暦を発見した七世紀程度には、天体現象と一致させるべきだと考えていた。すなわち、この六百年間に春分と最初の満月の算出された期日が実際に観察された時点からますます遅れており、キリスト教徒の暦算家はこの誤謬を修正せねばならなかったのである。[139]

ベーコンの批判が当たっていることは、誰もが自分の目で確認できた。しかし、彼の求める変更を実行する者がいるだろうか？　教養も時間もない一般人には年代計算者たちの争点が理解できず、ましてや何らかの決定を下すことなど無理だった。しかも教皇や王たちが年間の周期、祝祭日の期日、一日の区分を規定してくれるというのに、それに口出しする必要があるだろうか？　暦の抱える問題は暦算法学よりも法的な命令で解決される方が多かった。それを承知していたベーコンは一二六六年、教皇クレメンス四世に暦法改正を訴えた。[140]しかし教皇という職は、キリスト教世界全体を共通の時間に従わせるのに十分な学問的確信、政治的勇気、社会的権威を持ち合わせていたのだろうか？

ローマ教皇庁は時間を法的に統一することを望んでいたからこそ、センセーショナルな措置を取る根拠を当初は認めなかった。クレメンス四世の元で教皇庁勤務を始めてやがて司教に昇進したフランス人ギヨーム・デュランは、一二八六年頃に典礼法の手引書の最終巻『暦算法と暦について』全体を割いて、一般に行われている年代計算について述べている。少なくとも彼は暦算法《コンプトゥス》を単なる時間についての取決めや命令に関わる事柄とは見なさず、《太陽と月の軌道を基準に時間を確認する学問》と定義した。このように時間分割の客観性を容認したうえでデュランはおそらくヴィラ・デイのアレクサンドルに依拠して、世俗式あるいは教会式暦算法を天文学あるいは哲学の暦算法と区別するのだが、後者についてはそれ以上取り上げようとはしなかった。確かに彼は〈われらが暦算法の誤謬《エロール・ノストゥリ・コンプティ》〉を繰り返し話題にし、補足規則により細部に修正を施そうと試みた。しかし全般的な暦法改正は眼中になかったし、ベーコンに関してはいわくありげに沈黙している。[141] これは、著名な専門家がカッシオドルス以来一般的になった〈暦算法について〉のタイトルを冠した書物で、昔から伝わる方法を擁護する最後の試みとなった。[142] 専門家たちはベーコンが掲げた〈暦について〉というテーマをますます頑なに主張するようになり、慣習的な年代計算に異論を唱えるようになる。

　周辺領域でも重点がその方向に移動する傾向が見られ、そのために時間と数字に関する判断はすっかり専門家の手を離れた。時間を特定するのに天文学や宇宙学はますます不要となる。その主たる理由は、一三世紀末にアストロラーベがもっとも精密な短期間用測定器としての優位性を、古くからの競争相手である四分儀《コードラント》に奪われたことにあった（図13参照）。四分儀は一一世紀にアス

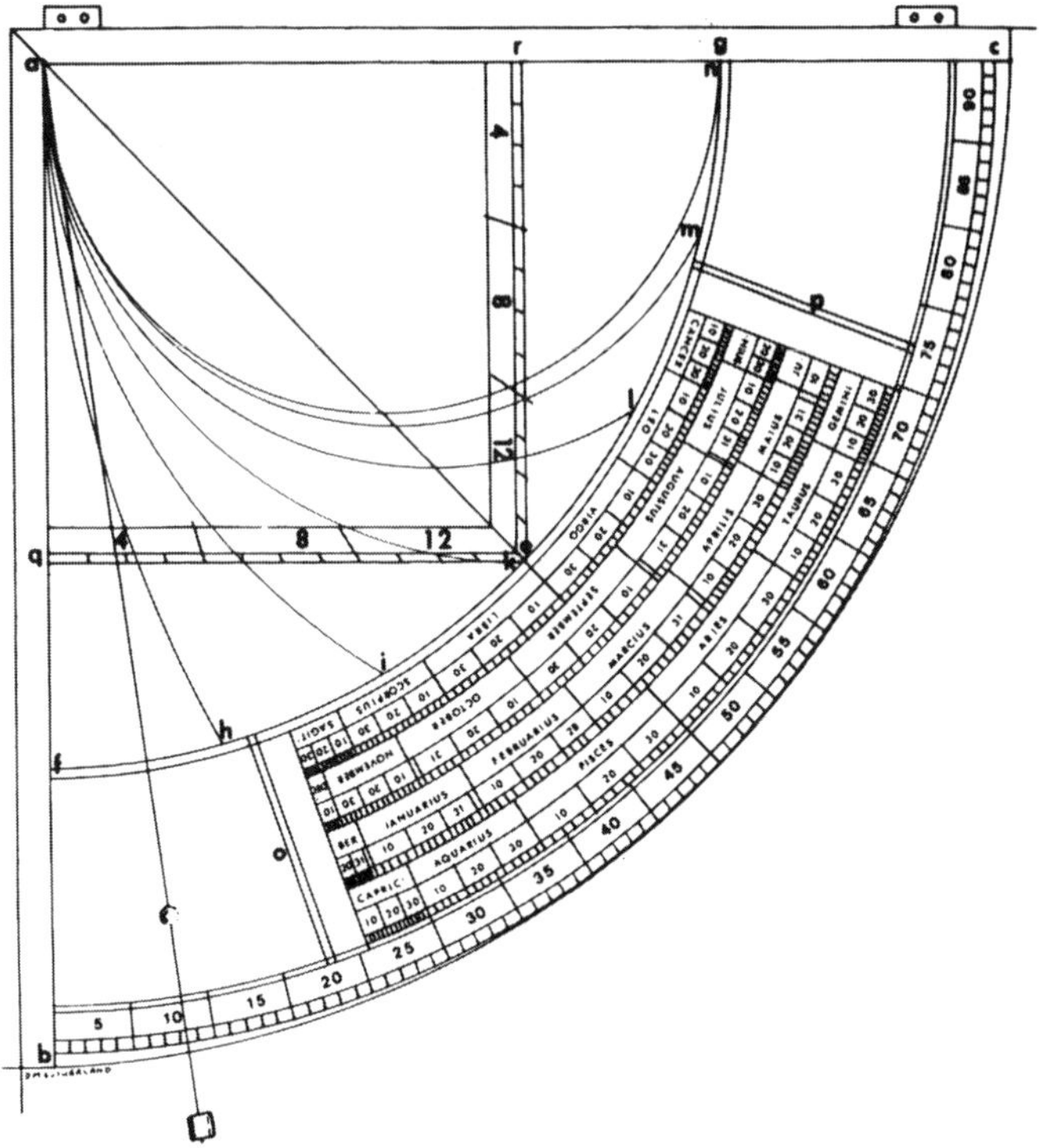

［図13］四分儀、マギスター・ヨハネスの手引書（モンペリエ、1280年頃）に描かれた手描きの図を1982年にナン・L・ハーンが清書した図。上部に照準装置、下部に振り子、四分儀本体にはシャドウスクエア（q－r）、時刻を示す6本の曲線（h－n）、可動式の暦用目盛板（o－p）。後者はこの図ではモンペリエの緯度に相当する地域での太陽の最高高度（70度弱）にセットされている。

トロラーベと一緒にイスラム教スペインから持ち込まれながらも、当初は実用性で後れを取った。アストロラーベの裏面（図10参照）を四分割したような姿のこの器具は、赤道付近の地域では太陽の高度をきわめて正確に時刻に換算したし、可動式の暦用目盛板を取り付ければ中緯度の地域でも同じように役立った。しかし後者の地域では、とりわけ夏至の正午には本当の現地時間からまるまる一時間ずれてしまう。なぜならアストロラーベの表面に刻まれたような曲線ではなく、平行に引かれた直線で時間を読み取ったからである。不具のヘルマンがその円筒形日時計に時刻を示す線を曲線で描いたのには十分な根拠があったのだ（図12参照）。しかしサクロボスコも、研究者が〈最古の四分儀《クアドランス・ウェトゥスティシムス》〉と呼ぶ不正確な直線式四分儀しか知らなかった。

　そこで直線式を時刻を示す複雑な曲線式に置き換えたのは、フランス南部に住むイギリス人たちだったと思われる。その術を心得ていた最初の人物が、一二三一年にモンペリエあるいはマルセイユに住んでいたギレルムス・アングリクスという人物なのである。この新しい器具に関するパンフレットが一二六三年にモンペリエで出版され、改訂版が一二八四年直前にやはりモンペリエで出版されたが、これを執筆したマギスター・ヨハネスなる人物も同じくイギリス出身と思われる。彼の著作はまたたくまにヨーロッパ全土に広まった。この新しい四分儀（研究者からは〈旧《クアド》式四分儀《ランス・ウェトゥス》〉と呼ばれる）も円の四分の一しか必要としなかったため、アストロラーベや円筒形日時計よりも大きなサイズで作ることが可能で、それゆえに時刻をより正確に示すことができた。サイズがより大きいため、アストロラーベ以上に実際的な目的、特に幾何学や測地学の測量に適していた。最終的にはアストロラーベに装備されていた天文学や宇宙学用の測定装置がすべて外され、その結果、専門家でなくとも時刻を一五分単位で正確に測定できるようになった[143]。

その間の一二七一年、ベーコンのもう一人の同郷人であるロベルトゥス・アングリクスが、天文学に関するサクロボスコの主著に付した注釈でさらに大胆な試みを行っている。昼夜の時間測定をよく考えてみれば、天文学と時間測定のあらゆる器具がいまだに〈人工的な一日〉と不均等な不定時法時間を不器用に取り扱っている理由が彼には分からなかった。それよりも平分時法の均等な二四時間で構成される〈自然の一日〉の方がはるかに迅速かつ正確に取り扱える。円の一五度を一時間とすればよいではないか。天文学の器具を天文学の知識をもたずに組み立てるのであれば、誤りが必ず生じることに奇異の念を抱いてはならない。《どのような時計《ホロロギウム》でも、実際に天文学の基準に沿って正確に動くことは不可能である。時計職人（*artifices horologioum*）は天の赤道のように正確に動くはずの輪（*circulus*）を使ってそれを試みる。しかし完全に目標に到達することはできない。それに成功した時に、初めて完全に正確な時計が生まれるであろうし、それは時刻を測定するのにアストロラーベその他の天文学器具以上の価値をもつことになろう》。

ウィトルウィウスが作った古代の水時計を模範にすれば、この問題は工学的に解決できることだろう。それまでの間に水時計の開発はイスラム圏で進められ、これはラテン西洋でも同じく

[図14] 中世の水時計、聖書の挿絵より、パリ、1250年頃、オックスフォード大学ボドレアン図書館所蔵。預言者イザヤが重病のヒゼキヤ王に時計(Horologium)を指し示す（「列王記下」20章11節より）。中央に穴のあいた真鍮製漏斗15個で構成されたホイールの上に小さな鐘が取り付けられている。ホイールの下には水盤があるが、文字盤はなく、水の供給装置についての解説もない。

〈時計《ホロロギウム》〉と呼ばれていた（図14参照）。さらに、鈍重な駆動装置が不要になれば、設置がより容易になるのではないか？ ロベルトゥスは釣り合い錘を備えて自由振動するホイールを考案した。このホイールは、軸に取り付けた鉛の錘により均一のペースで動き、日の出から翌日の日の出までの間に一回転し、それに（回帰線上の）太陽の運動が（星座での）恒星回転から遅れる分の一度を加えるのである。こうすれば文字盤は信頼できる形態を得られるし、アストロラーベの表面のようにも見える。外縁部に刻まれた三六〇度の目盛を二四時間に分けるのは簡単だ——そして照準装置や暦用目盛板のついた裏面は省略する。

このようなものがあれば、誰もがほっとすることだろう！　この器具はどのような天候であろうとほぼ調整不要で作動し、その時々の天体の状況を正確に再現するだろう。もはや専門家は時刻を告知するたびにアストロラーベの裏面で手間のかかる測定を行う必要はなくなるし、一般人は計算を間違えたり、高価な器具を壊したりする心配もせずに誤りなく時刻を読み取ることができるだろう。ロベルトゥスは機械の均等性を表示された時刻の均等性にすぐさま結びつけ、こうして機械時計の原則を後代に実現されたものに劣らぬほど、それ以上に首尾一貫して略述したのである。いつになったらそこまで到達できるのかは、単に——確かに難しくはあるが——技術的な工夫次第である。だがそれこそが、時計職人がいまだに苦心し、ウィトルウィウスが一言も触れていない工夫——すなわち歯車と錘を間隔を置いて解放し、回転速度を一定に保つ脱進機なのである。(144)

簡略化されつつも精確度を増した時刻特定に人々の注目は向けられたが、それと同じ程度に注目を浴びたのが、応用されて洗練度を増した数学だった。数学もまた大学教育を受けた数学者や暦算家がおらずとも、より上手く処理されるようになってきた。中世盛期の教会と大学が数字の扱いを世俗的問題へ追いやってからというもの、数字は世俗の現在のなかに様々に織り込まれていき、もはや聖職者ではそのもつれた糸をときほどけないほどだった。数字の重要性を意識して振舞うのは、もはや算術の専門家に限らない。自分が生きる現代の歴史を観察し記録する者は一三世紀以降、まずはおそらくイタリアで人間や事物の現実的な勘定や、出来事や変化の納得できる日付決定を熱心に練習してきたのである。

同時代にイタリアを出発点として商業上の合理性が広まっていった。一二五〇年頃のイタリア語で *conto* という名詞は、その語源であるラテン語の *computus* と同様にまだ天文学的な年代計算を意味していた。一二六〇年代初頭、フィレンツェのブルネット・ラティーニは、故郷の方言ではなくフランス語で百科事典を編纂した。そこでは暦算学による年代計算者はまだ *conteour* と呼ばれ、その成果は〈月とその諸理論の計算（*li contes*）〉と記されていた。[145] *computus*〔暦算法〕や *ratio*〔計算〕は直訳され、意味は変わっていない。どちらも結局は抽象的な〈計算可能性〉を意味した。しかし一二八〇年代にダンテ・アリギエリが恋愛詩集『イル・フィオーレ』を書いた時は、*conto* には恋人同士の関係という意味があった。このメタファーは、永遠の愛と流れ去る時間の関係を巡るものではなく、決済、収入と支出の清算、経済的な簿記を具体的に意図していた。[146]

conto という語は簿記の方法と共に近隣諸国の言語に入り込み、フランス語では *compte*、スペイン語では *cuento*、ドイツ語では *Konto* となった。[147] 教皇庁尚書院はこの表現のラテン語化に一役買い、遅くとも一二五〇年代には *taxator* あるいは *computator* という役職を設けた。その任務は教

皇教書の料金を決定することであり、たとえばデュランのように祝祭日を算出することではなかった[148]。かつてのイギリスと同じように、今やフランス人の間でも貨幣経済が国家の行政機関に侵入した。一三世紀中頃からパリに王立の *curia in compotis*〔会計監査庁〕が開かれたが、これはまもなく *camera compotorum*〔会計監査室〕として分離すると、一三〇四年以降は *Chambres des comptes*〔会計監査院〕と呼ばれるようになった[149]。ドイツ人は一五世紀に借用語 *comptoir* に〈勘定台〉〈事務室〉〈営業所〉の意味を当て、これは現在 *Kontor*〔在外支店、帳場〕という語に生きている[150]。

金融業界は暦日を明確に定めて合計せねばならないので、〔序論で述べた三月二日を例に取れば〕もはや古代ローマ人のように〈三月のノーナエの五日前〉〔ノーナエはローマ暦での基準日の一つ。三月は七日がこれにあたる〕などとは表記できなかった。そのうえ相変わらず暦日をキリスト教の聖人名で呼ぼうとすれば、錯綜する地域別の崇拝に巻き込まれることとなった。たとえば三月二日は、フランドル地方ではシャルル善良伯に、ボヘミア地方では王女アグネスに奉じられている。そのような事態に至る以前に皇帝ハインリヒ六世の官房は、ノルマン人が久しくそうしているように、月の日にちを朔日《ついたち》から通しで数え始めた。皇帝のミラノ教書は一一九一年の *quarto mensis Decembri*《ママ》〈一二月四日〉に発行されている。しかし基本的にはイタリアでさえ古くからの習慣を捨てはしなかった。ドイツ語圏では〈三月二日〉式の一貫した日にちの数え方が一二五二年にルツェルン市自治体で初登場したが、その後は長い間なかなか広まらなかった[151]。

それとは反対に、一二世紀末以降は聖人記念日による日付を記憶する新しい方法がドイツから各国へ広まった。それがいわゆる〈ツィジオヤヌス（*Cisiojanus*）〉である。これは〔一ヶ月を表わす〕六歩格《ヘクサメーター》の二行連が〔一年を表わす〕一二組で構成された奇妙な響きの詩であり、中世初期の暦算学覚え歌を模して作られた。毎月の一日一日が一音節で表わされている。たとえば *Ci* はキリスト割礼祭（*Circumcisio Domini*）、つまり一月一日を意味し、次の二音節 *sio* は記念日でない一月二日と三日を表わし、*janus* は一月（*Januarius*）および一月四日と五日を連想させる。しかし三月二日には聖人記念日がなかったので、間を埋める音節として *Martius* の *ti* が充てられているだけである。こうした不備もあるものの、計算者や事務員のように極端な精密さを要せずに暦の時間を数える実践的な手段だったために、後に各国の民衆語に翻訳された[152]。

　新年の始まりがドイツの大部分ではクリスマスであり、フランスでは復活祭、イタリアとイギリスではマリアへのお告げの祝日〔三月二五日〕だったが、これも商売の妨げになった。殉教者列伝や暦算法の一年がすでにそうなっているように、今や市民層および経済上の一年も一月一日に始まることとなる。しかし〈ツィジオヤヌス〉で日付を覚えた人々も自分の暦を切り替えはしなかった。日付も貨幣刻印や容積単位と同じである。財政化が進展する只中にあっては、合理化への最初の試みは混乱を増すだけだった。この頃には数字を正しく数えて計算できる者も大勢いたものの、誰もが正確な期日を好んだわけではない。おおまかにしておいた方がゆったりと生活できるし、約束にしても人間同士の約束、つまり融通の利く約束である。知りたがり屋の役所が人々の生涯にかかわる日付についてますます頻繁に問い質すようになったとしても、久しく過ぎ去った人生の重要な転機を思い出すのに読み書きができる必要はなかった。しかし、自分が体験した一生涯を書類や、書類の数字化された時間に押し込むことに抵抗する一般人は大勢いたのだ。[153]

世界が一冊の書物であると考える者も、世界の運命を小さな数字に委ねはしなかった。一二〇五年頃のドイツ、おそらくバンベルクで聖書の言葉を信じる一人の聖職者が、〈現世の時代《サエクルム》〉がラテン語のアルファベットに秘められているとする神秘的でもあり代数的でもある考えを思いついた。二三文字のそれぞれがちょうど一世紀に相当し、その順番は天地創造ではなくローマ建国から始まった。これは「世紀《サエクラ》」という単位による年代の数え方が実際に古代ローマに由来するという点では正当だった。最後の三文字x、y、zが表す三百年がこれから訪れる。シュタウフェン朝の皇帝フリードリヒ二世を巡る騒乱を前にして、一二四〇年から六〇年頃に大勢の同時代人は世界の終焉が早まることを危惧した。しかしその騒動もとっくに治まった頃の一二八八年、ケルン司教座教会参事会員であるロエスのアレクサンドルは、先のバンベルクの聖職者の計算をふたたび取り上げ、最後の百年間《アノルム・ケンテナリウス》はおよそ一五〇〇年頃まで延びるという結果を出した。だが最終的にはロエスも疑惑の念に囚われる。数千年の単位で未来を計算する者たちもいたし、アリストテレスの信奉者たちは世界が《当然の論拠により》そもそも永遠だと見なしていた。もっとも確実なのは、どのような瞬間でもあらゆる事態を覚悟し、どのような瞬間にも頼りきらないことだった。[154]

将来への展望がこれほど不確かな時代に、現在を性急に規格化しようとする理由は何だろう。ポンドやペニヒ、マイルやフィートよりも綿密に年や日を管理する理由は何だろう。どれほど単純な規格統一であれ、それを徹底させるのは至難の業だった。こう嘆くのはペリゴール地方出身の在俗司祭エリアス・サロモンであり、一二七四年に教皇グレゴリウス一〇世に音楽実践の解説書『音楽技法の知識』を献上した際のことだった。エリアスはアヴィニョンの教皇礼拝堂で好ましく思ったある事柄が、当時まだ一部の地域でしか導入されていなかったので、これを一般に実行するよう指示すべきだと思った。それは、合唱用譜本の各頁に通し番号を付して、歌手が指示を受ければすぐに正しい頁を見つけられるようにする、という措置だった。エリアスはこのように頁を数えることも、音の連なりやリズム、礼拝や教会暦とは無関係のまま、すでに計算《コンプトゥス》と呼んでいる。高等教育はまだ書物を頼りにしていたのだ。しかしエリアスは、頁数をまた削り取らせた合唱団指揮者が少なからずいると不満を述べている。そうした指揮者たちは、合唱団の少年たちがあまり楽をしてはいけないと思ったのである。机上の学問を重視する学者たちには、文章に侵入してくるインド産の数字記号に抵抗する者も多かった。それは別にしても、こうした学者たちは他人の生活を楽にするために自分たちの知識を応用するとは限らなかった。[155]

計算者たち自身でさえ渋々受け入れているというのに、どうすれば数字記号が立派に同時代人たちの役に立てるのだろうか。遥か未来の世界の終焉を算定などせずに、明日の天気や来年の収穫を予測すればよいのだ。一二九六年、おそらくロンドンのジョンなる人物が編纂したと思しい一冊の天文学案内書がロンドンで刊行され、さらに一三一八年頃にオックスフォードでウォリンフォードのリチャードにより改訂された。同書には、冬至はかつて〈ローマ暦を作った人々〉の時代にはキリスト降誕祭の日だったが、現在では〈賢明なる暦算家諸氏によるごく最近の観察で〉確認されているようにそれより一一日以上早く訪れる、と淡々と記してある。ベーコンが念頭にあるにせよそうでないにせよ、著者は思弁専門の暦算家と天文学者や気象学者をほとんど区別していない。また著者は暦法改革にも興味がなく、暦の修正用に三枚の表を添えている。この暦表は《過去と未来のあらゆる時代》に応用できると述べているが、過去は一一七六年まで、未来は一四一六年までしかなく、しかもロンドンでしか使えない。一四世紀が数量化の理想を声高に宣言しながら実践に至らなかった理由は、神学的な動機による臆病心というよりも、バランスに対する実践的な感覚だったのだ。(156)

日常生活を制御する単位がますます小さくなるにつれて、今や教皇はキリスト教世界を末永く存続させる責任をますます真剣に受け止めるようになった。この件でボニファティウス八世は、実に荒々しいながらも配慮を見せた。一三〇〇年二月、自発的というより教徒たちから迫られて、当年のローマ巡礼者全員に完全な免償を付与すると約束した時のことである。そしてすぐさま《今後百年ごとに》も免償が授けられるであろうと定めた。教皇の〈聖年〉宣言は主としてキリスト生誕から丁度百年が経過したことを祝うはずのものだが、古代ローマにおける世紀祭の記憶も呼び起こし、教皇制度の慈悲深い支配下で世界に長く続く未来を授ける約束をしたのである。信者たちがこの祝福を一生かけて、あるいはそれ以上待つ必要がないように、一三四三年に教皇クレメンス六世は次の聖年までの期間を（「レビ記」二五章一一節に従って）五〇年に縮めたので、一三五〇年に教会はふたたび〈聖年《アヌス・ユビラエウス》〉を祝うことができた。こうして記念祭のインフレーションが始まり、われわれの世紀に至っては単に健忘症を祝う祭になってしまった。

そのクレメンス六世は学識あるベネディクト会修道士であり、より身近な未来のためにもあらかじめ配慮した。一三四五年にアヴィニョンで暦法改革を強く要求したのである。この年に教会が祝った復活祭は、天文学的にはまるまる一週間遅れていた。教皇の許には様々な提案が提出されたが、そのなかでもっとも重要なものは、すでに以前から時間と数字の関係を盛期スコラ学派以上にきっぱりと強調していたパリ大学の学者ムールのジャンによる提案だった。一三二一年にジャンは『音楽技法の覚書』でアリストテレスの学説を支持することをはっきりと公言していた。〈時間とは運動を測定するものである〉。このように波瀾万丈で計算から推測される時間のなかでは、たとえば音楽の演奏時のように、二種類の形態が重なり合う。それは、演奏の始めと終りを定める自然の休止と、演奏全体を区分する数学的な休止である。『思弁的算術』（一三二四年）でのジャンの解説によれば、それと同じく数字もまた、物事において目に見えるようになる自然の数字と、物事から抽象化される数学的な数字に分かれるのだ。[157]

ジャンは「古代暦改革に関する書簡」で、暦で考慮の対象になるのは数学的な解決案のみであることを教皇に解説した。その解決案は、一二七二年頃にカスティリアの賢王アルフォンソ（一〇世）の宮廷天文学者たちがイスラム教徒の模範から刺激を受けて、太陽と月の運動を表の形で従来よりも正確に記録したために容易になった。一三一八年以来、アルフォンソ王の表を改良・解説していたジャンは、いまや通約できない二つの数列を一つにまとめなければならなかった。それぞれ自体が算術的に複雑であり、どちらも天文学的に異なる構造の数列である。回帰年は閏年を省いて計算すれば、春分の日がふたたびニカイア公会議の時代と同じ三月二一日となる。朔望月は黄金数を追加することで、復活祭の日曜日を実際に春の満月になる日の翌日に動かすことができる。しかし実にまずいことに、どちらの場合にせよ一旦暦年から数日を消さなくてはならない。この改革《レフォルマティオ》が領主たちの宮廷で支払いや契約に関する紛争を引き起こし、民衆の間では暴動にすら至るのではないかとジャンは恐れた。そのためジャンは専門家向けの計算用公式を変更するに留め、すなわち目立たない症状のみを治癒したのである。[158]

ジャンを見習う人々もでてきた。一三六〇年直後にドイツ南部の匿名学者は〈暦算学図表《コンポティスティカ・フィグラ》〉

を完成させた。これは固定した大周期の他に教会式暦算法《コンプトゥス・エクレシアスティクス》の移動する日付を——不可謬的《インファリビリテル》と称して——証明する表形式の著作である。しかしすぐさま作者は、閏年、主日文字、黄金数用の図表を妙に図式的に修正できる規則を追加した。《計算結果の数字が図表に示された数字と一致する場合はそれでよいが、一致しない場合は修正すべし》。このような検算を思いついた理由は、読者には語られていない。[159] この頃にはオックスフォードの計算者《カルクラトレス》たちのように後期スコラ学派の自然哲学者たちが、代数学を用いて無限に小さな時間単位と無限に大きな速度を理論上で数値化し、区分できるようになっていた。しかし、実践的な経験値を超えた測定が長期間におよぶ正確な結果を出すことができるなどとは、誰も信じていなかった。動詞 *calculare* とは、検測や既存のものを使った実験などではなく、計算すること、不確かなものについて思弁を行うことを意味した。[160] すなわち暦算法改革が一四世紀半ばに挫折した原因は、臆病な学問や強情な教皇制度ではなく、キリスト教世界を支配する時間と数字の観念だったのである。

X　一四、一五世紀における機械時計と歩調の相違

現代の研究者は機械式歯車時計の発明が及ぼした革命的な影響を過剰評価しがちだが、キリスト教世界を支配する時間と数字の観念について言えばほとんど変化はなかった。もちろん時計は時間を測定する最古の機械だった。数える行為を測定する行為に結びつけたことによって、時計はかつて不具のヘルマンが要請した方法で古い序列を転倒させた。時計は算盤《アバクス》とアストロラーベの原則を、すなわち小石をカチカチ動かして数える〈デジタル〉な仕掛けと、絶えず測定を続ける〈アナログ〉な表示器を組み合わせたのである。それにもかかわらず時間と数字の意識に急激な変化をもたらしたわけではないことは、時計が発明された時期が一三〇〇年から一三五〇年の間のいつかと曖昧にしか断定できず、発明者の名を告げる同時代人が一人もいない事実から証明される[161]。

[図15] ニュルンベルクの聖ゼーバルト教会に取り付けられていた鐘楼守用の時計、14世紀後半あるいは15世紀初頭、ニュルンベルク・ゲルマン国立博物館所蔵。高さ43cm、文字盤は16時間用で、暗闇で触れて時刻を知るための飾り鋲が付いている。鐘楼守は小型目覚ましに起こされてから塔の鐘を手で鳴らした。

脱進機の発明によってロベルトゥス・アングリクスが一二七一年に行った提案が実現されたというだけでは、しかもそれが中途半端とあっては、時計の発明者がセンセーションを巻き起こすわけにはいかなかった。この新型機械は決して旧来の時間秩序を覆すものではなかった。水時計方式で機械化されたアストロラーベを朝晩一回ずつリセットするだけでよい、というだけでも十分な進歩だったのである。不定時法がいまだに生活を支配し、人々はアストロラーベにはめ込まれたプレートの曲線から時刻を読み取らねばならなかった。それが簡単な操作を行うだけで、翌日と翌晩の〈曲った〉不定時法での時刻を従来通り正しく示してくれるのだ。昼も夜も、専門家は時刻を告知するたびに面倒な測定を行う必要がなくなり、一般人は時刻を知るのに手を使う必要がなく、目だけが、さらに夜間は耳だけがあればよかった。この新しい機械に打鐘装置が取り付けられても、すなわち鐘の機能が追加されても、時間感覚を根本的に変化させるには至らなかった。今では七回の定時課や不定時法の一二時間より短い単位の時刻を教会の塔が告げ知らせていたが、当分の間は鐘を鳴らすのが鐘楼守であることに変わりなく、その鐘楼守を眠りから覚ましたのが打鐘装置だった。

それにもかかわらず、ロベルトゥス・アングリクスの中心思想は浸透していった。なぜなら機械時計のおかげで、平分時法の均等な一時間がほぼ自動的に優位に立ったからである。時計を一日二回も調整したくない者は、アストロラーベの外縁部の一回りに相当する〈真っ直ぐな〉二四時間に時針と打鐘装置を切り替えさえすれば、定期的にネジを巻くだけでよかった。こちらの時間の方が専門家からは〈自然な〉時間として愛好され、一般人も文字盤から容易に読み取ることができた。もっとも、この切り替えが同時に都市住民のメンタリティにマッチすることがなければ、どのような技術的、学問的長所であれ、ほとんど効果を発揮しなかったことだろう。都市住民の日々の労働が道具により期限を定められ、金銭の支払いで報酬を受けることがますます頻繁になってくると、市壁の内部では労働が計算も管理も可能であること、すなわち均等であることが求められた。そこで雇用者にも被雇用者にも共通の時計が必要となったのである。

こうした理由から、時刻を示す役割は、定時課が告げる一日の時間区分から、時計が示す同じ長さの時間へと次第に移って行った。ベーダが推奨したことがようやく根を下ろしたのである。時計を表わすドイツ語の名詞 *Uhr* は一四世紀になっても、時間を意味するラテン語の *hora*、さらに直接的にはイタリア語の *ora* の借用語だった。一三八三年以前にニュルンベルク市民はゼーバルト教会の塔に鐘楼守が手動で鳴らす〈時の鐘〉を取り付けた。これを一三九六年に交換する必要が生じた際、新しい鐘は〈時計鐘（*Orglogck*）〉と呼ばれ、機械時計と連動することになった（図15参照）。現代のわれわれが〈一八時だ（es ist 18 Uhr）〉と言う時、当時のニュルンベルク市民と同じく計時装置を指しているのである。[162]

その装置が目に見えるように教会の塔に吊り下げられ、耳に聞こえるように刻を告げることで時間は統一されたが、それは教会の鐘が届く範囲内のみの話だった。時刻の数え方は地域により違った。時計には一二時制表示、二四時制表示があり、そして現代のように真夜中から時刻を数え始めるのは稀だった。それにもかかわらず機械時計は、非同時的なものが同時性を有することを暴露することで、中世後期の時間意識を揺るがした。進歩主義者たちが熱っぽく語るのとは違い、時計は〈新時間〉、ましてや〈世界時間〉を造り出したわけではない。しかし少なくとも機械時計はベーコンの総合を遮断し、著しい〈歩調の相違〉を示す時間に関する四つの概念を促すことにはなった。これらの概念はどれもが時計を、混沌とした環境の只中で規則的な生活を送ることを象徴する器具と理解した。それでも文字盤の記号は、かつて学者たちが世界に喩えた書物の文字よりも速やかに読み取れるというだけで、解釈が容易なわけではなかった。(163)

まず二つの非学問的な象徴化された概念が、人々に謙遜の念を抱くよう説き勧めた。一番目の概念は神秘主義の精神化された時間であり、その代表者は一三三四年に『智恵の時計《ホロロギウム・サピエンティアエ》』を著したドイツのドミニコ会修道士ハインリヒ・ゾイゼと見なされる。ある幻視の中で、救済者の神々しい慈悲が技巧を凝らした時計の姿を取ってゾイゼの前に現れた。時計は心地よく響く鐘を二四時間毎に鳴らす。機械時計とカリオンが魂を映す鏡像となる。魂はキリストの受難を眺めることによって、一生の間、どのような時であれ呼び起こされて永遠の叡智に至り、そして瞬く間に、《瞬時に》あらゆる外的な時間を超越して舞い上がる。神を愛する魂はこの内的な時間を聖アウ

グスティヌスと同じように感じ取るが、主と分かち合うのみであり、教区や都市自治体は相手にしない。(164)

二番目の個人化された時間概念は手工業に根ざし、機械時計と同じ一四世紀に登場した砂時計を中心に巡る。一三三八年にアンブロージョ・ロレンツェッティがシエーナ市庁舎に描いた最初期の絵画では節制《テンペランチア》の女神が砂時計を高く掲げている(図16参照)。セビリャのイシドルス以来、時間《テンプス》はこの美徳と結びつけられたので、砂時計は瞬間に含まれる節度、規則正しさ、謙遜のシンボルにとりわけ適していた。時計は音もなく拍子も取らずに流れ去る時間を労働者たちの目前に示した。働く者は誰もがそれぞれのやり方で時間を区分して仕事で満たす。学者は書斎で、説教師は壇上で、弁護士は法廷で、水夫は当直で、主婦は竈《かまど》のそばで。しかし骸骨の姿をした死神の手中にある砂時計は、その誰もに最期の刻を思い起こさせ、まだ時間があるうちに瞬間を利用するように仕向ける。《お前の最期の刻はこの砂粒のなかの一つなのだ》。(165)

次に学者による二つの理論が人々に自尊心をもつよう説き勧めた。三番目の細分化された時間概念は、一時間より小さな単位を利用する。それは以前も計算はできたが表現できなかったものだ。今では塔時計が三〇分や一五分単位でも刻を告げたし、すでに人々はそれまで天文学者しか使わなかった分や秒の単位でも考えるようになっていた。かつてフィルミクス・マテルヌスが求めたように、今こそついに惑星が人間の運命に影響を及ぼすことが確実に突き止められたのだろ

［図16］砂時計を描いた最古の絵画。節制《テンペランチア》の女神が手に乗せている。シエナ市庁舎の平和の間にアンブロージョ・ロレンツェッティが描いた絵（部分）、1338年。

うか？　オックスフォード大学の数学者ウォリンフォードのリチャードは、今では聖アルバヌス大修道院長に昇格していたが、一三三〇年頃に天文時計を組み立てたばかりではない。王家の幼い子供たちに個人用のホロスコープを授け、こうして揺りかごに寝ている頃から将来のすべてを予言した。この点でリチャードは無数の模倣者を生むことになる[166]。

　自然科学者ニコル・オレームが四番目の、後期スコラ学派の機械化された時間概念の代表者と呼べるだろう。オレームは一三七七年にフランス語で書いた『天体および宇宙論』で宇宙を時計《オルロジュ》として描いている。進みも遅れも止まりもせず、夏も冬も、昼も夜もなすべきことをなす、規則正しい時計仕掛けである。次に天体の諸運動を、脱進機によりあらゆる力の平衡を保つ機械時計に直接喩えた。《人間が時計を作り動かせば、あとはひとりでに動くのとまったく同じである》。とりわけ天文時計は宇宙の似姿に、正確な計時装置というよりも改良されたアストロラーベとなった。その設計者は我が身を世界という機械の創造主に比することができた(167)。

オレームは天文学者たちへの反論として、暦算家たちが学んだことを挙げた。すなわち惑星の運動は互いに同一の標準では測定できず、よって二度とふたたび同一の配置には戻らない、ということである。しかしながら、文字盤と時針の動きは、時間とは過去から未来への運動の数値であると定義したアリストテレスが正しいことをはっきり目に見えるように証明する。オレームが天空に時計が見えると思った時、彼が思い浮かべていたのは、賢王シャルル五世が一三六二年に宮殿に取り付けさせた巨大な機械時計だった。一三七〇年以降、パリにある教会の塔時計はすべて、この宮殿時計のひどくむら気のある鐘の音に時刻を合わせばならなかった。パリの塔時計は住民に労働日を割り振った。社会的な時間がどのように進むべきかを取り決めたのは国王、とりわけ時計の設計者なのだ(168)。

したがって、人間が作ったシンボルで構成された近代的な時間システムは、一四世紀末にすでに完成していたのである。しかしヨーロッパの人々は、現世の日々を共通の基準で分割することにかつてないほど気乗りしなかった。この問題に関して教皇による最初の試みが教会分裂で行き詰まると、一五世紀初頭に開催された数回の改革公会議で仕切りなおしとなった。三二五年のニカイア公会議が過去の時間秩序を基礎付けたのであれば、新しい公会議はそれを正しい状態に戻し、そのことにより教会の再統合に将来を保証せねばならない。それゆえに、キリスト教世界の宗教、政治、学問の主たる人々がことごとく召集されたこの会議では、精確な時間測定に基づく改良された年代計算が望まれた。ピエール・ダイイ枢機卿は一四一七年のコンスタンツ公会議で、すでに一四一一年に執筆していた「暦法改正に関する請願」を披露した。かつて偉大な人々は、ペニヒや金銭《モネーテ》の勘定《コンプタティオ》よりも日と瞬間《モメンテ》の計算《カルクラティオ》により以上の配慮を見せた、と彼は言葉遊びで時代を批判する。それにもかかわらずこのフランス人枢機卿は〈簡潔な真実《プラエシカ・ウェリタス》〉、すなわち正確な時間測定を目指したギリシアおよびアラビアの天文学者の進歩を賞賛した。キリスト教徒暦算家《コンポティスタ》たちの時代遅れの知識は彼らに頭をたれねばならない、と。

もっとも、この近代主義者の枢機卿もグローステストやベーコンの古い提案を繰り返すに終わった。枢機卿はベーコンの言葉を引用して、《いまだに一年の本当の長さが十分な確実性をもってわれわれに分かっていないこと》を認めているが、これはアルフォンス王の表が作成されて以降は完全に正しいとは言えなくなった。さらに枢機卿は、かつてのパーダーボルンのライナーと同じく、古代ヘブライ暦に指針を求めるよう推奨している。そうだとすれば、精密さを目指す進歩と、伝統への退行はどう違うのだろうか？　天文学者たちがいまだに正確な日付を提供できないとすれば、公会議に集う良心的な教父たちは改革プロジェクトを先送りする方を選んだ。どうやら学問的な測定技術はまだそれほど進歩していないようであり、キリスト教世界が学問に改革を委ねるのであれば、改革は学問的であらねばならない、というわけだ。[169]

そうこうするうちに、もはや学問はラテン語学者や聖職者の特権ではなくなった。すでに一三九一年、中世イギリスの大詩人ジェフリー・チョーサーがアストロラーベに関する学術論文を英語で書いていた。さらに彼は、教会の鐘が鳴る時刻を〈計算するもの《カルキュラー》〉、すなわちアストロラーベの〈時針〉を使って検測および検算する（*to calcule*）方法を息子に教えた。もっとも一般人は、天文学者《アストロージェン》がアルフォンソ表を使って達成したほどの精密さを目指しはしなかった。〈暦の祝祭日〉の計算も専門家にまかせていた。商人ならば、陸路海路での時間と場所の見当さえつけばよい。ユリウス暦の太陽年で現在の日付を日にちと時刻単位で正確に数え、星を観測して現在地と方向を確認できればよかったのである。さらに短い時間の測定を表現するために、チョーサーの弟子のひとりだと思われるが、『薔薇物語』からフランス語の名詞 *compte* を借りてきた。[170] 一四一三年にはチョーサーの別の弟子が、これはベネディクト会修道士ジョン・リドゲイトらしいが、この *compte* という語を *compute* とラテン語風に語形変化させて長期間の暦の計算を表わす名詞を作る。

すなわち一四二〇年頃に *computacioun* という語を導入したのである。とはいえ、一般人が暦算学に頭を悩ましたという意味ではない。彼らの労働日は暦算などより身近な心配事とより深刻な出来事を中心に動いていたのである。[171]

一四三六年のバーゼル公会議に向けて「暦法改正について」を執筆した時のニコラウス・クザーヌスは、一般人のこうした無関心な態度を思い浮かべていた。彼は、時間の変化に関する厳密《プンク》な真実《タリス・ウェリタス》は、どれほど大規模な器具を使うにせよ、今に至るまで誤りなく測定できた試しがない、と容赦なく断言している。科学の進歩には期待できない。天体の運動と人間の悟性の間には共通の尺度が皆無である。天体の軌道の間にさえ不均衡《ディスポルティオ》が見られる。であるから、過去に観測された規則性を根拠にして未来の規則性を推論してはならない。賢王アルフォンソ以来、天文学者たちは彼ら流の緻密な方法で、サクロボスコ型の暦算家たち以上に精密さに血道をあげている。しかもその暦算家たちでさえ、大雑把《モード・グロッソ》な方法ではあるが、固定された春分の日を起点とし、太陽と月の回転を規則正しい周期と考えて、すでに世界の時間をまるごと、あまりにも正確すぎる図式に押し込んでいる。クザーヌスはこのように述べた。

そして将来の時間変動により機敏に対応できるように、公会議は一四三九年の聖霊降臨祭に一度だけ、日曜日と月曜日の間の一週間をまるまる削除するとよい。《なぜなら聖霊降臨祭は移動祝祭日であるから、民衆（*vulgus*）はそれが（月の）何日目にあたるかなど考えないのだ》。さらにラテン語世界で用いられる太陰太陽周期をビザンツ帝国の太陰周期のみに置き換え、そのうえ暦年は必要に応じて、とりあえずは三百四年間に一回閏日を略すべきである、と。クザーヌス案には二つの異議がぶつけられた。そのような処置を取れば、まずアルフォンソ表を用いて計算する天文学者たち（*calculatores*）は混乱してしまうであろうこと、そして各種の支払い期限と利息の支払いを取り決めた経営者たちが損害を蒙るであろうこと。クザーヌスは天文学者にも経営者にも暫定的解決案を取るよう求めた。なにしろこの改暦は、ユダヤ人、ギリシア人、ラテン語文化圏の人々を一堂に集め、さらにバーゼル公会議を新時代を創設した会議として永遠に記憶に留めるほどの宗教的刷新なのだから、と。しかし、それは過大な要求だった。アウグストゥス帝以来初めて、新しい時代を開く新たな年代計算が登場した。〈新時代〉がどこかで告知されるとすれば、それはこの公会議のはずだった。ところが、そうなるに至らなかった。なぜなら、そうでなくとも分裂していた公会議はさらなる論争の種を撒くつもりはなく、そして一般人とまったく同じように、開かれた未来を使った実験を恐れていたのである[172]。

ウィーンの大学講師グムンデンのヨハネスとヨハネス・レギオモンタヌスは一四三九年と一四七四年にラテン暦を創案し、これは早速ドイツ語に翻訳されてすぐさま印刷に付された。この暦では今後半世紀にわたる月相が算出されており、こうして誰にでも検証できる重要な根拠を年代計算に与えたのだが、暦法の総合的な改革案を提示したわけではなかった。予測可能な未来の期日を確定しておきたかったにすぎない。[173] 一五一二年から一七年にかけて開催されたラテラノ公会議の第五総会議は、またもや暦法改革を先送りにした。天文学者がいまだに太陽年と朔望月の正確な相関関係を明示できなかったからである。そうこうするうちに、学者たちは大雑把な年代計算よりも精密な時間測定に希望を抱くようになっていた。しかし、最初も最後も暦算法の時代にあっては、時間特定が自己目的と認められることはなかった。ヨーロッパ中世は古典古代の暦に固執するつもりも、近代的な未来へ突破口を開くつもりもなく、今現在を束の間我慢できるようにしたかっただけなのである。

XI　近代初期における天界の機構と年代学

完璧化の時代は司教座教会参事会会員ニコラウス・コペルニクスと共に始まった。一五四三年、彼はラテラノ公会議の最終会議と自分の〈教会暦の改訂に関する不満〉を教皇パウルス三世に思いださせた。こうしてコペルニクスは、自分の《より正確な年代計算（*supputatio temporum*）が天体の運動を算出する際に（*in motibus caelestibus calculandis*）必要である》ことを正当化したのである。しかしコペルニクスは算術の計算ばかりでなく、不具のヘルマンと同じく天文学的測定も引き合いに出した。ただし彼が頼った道具は、アストロラーベよりも近代的な各種の道具だった。彼は計算や測定の結果を、キリスト教の歴史記述者の手になる周期ではなく、古代エジプトやギリシアの歴史的暦年数と比較した。そのため教会式暦算法《コンプトゥス・エクレシアスティクス》には一言も触れなかったのである。コペルニクスは、神が創った〈天界の機構《マキナ・ムンディ》〉における惑星運動の新たな法則性を発見したが、これは中世の年代計算者たちのあらゆる推測を、先駆者であるオレームやクザーヌスの仮説さえも凌駕していた。学問は進歩したのだ。今では人間は長期にわたる準備期間が見通せたので、ついに真実のすべてを認識することができた。開かれた宇宙の至る所を、天上であれ地上であれまったく同じように支配する法則を数学が人間に授けた。この法則が人間を世界と時代の主人にすることを約束したのだ。[174]

とはいえ、急にそうした事態には至らないであろうことは、一六世紀の農民暦がもっとも露骨に証明している（図17参照）。農民暦はたいてい読み書き計算がほとんどできない購入者に、幸運の日、不運の日、雨風、瀉血や散髪の時期、風と雪の警告、晴天の場合の日照時間、月相と獣帯記号、日曜日と聖人記念日などを絵記号で伝えた。そこに描かれているのは、民衆に根付いた時間秩序の宇宙全体だった。数学ごときには揺るがされることのない信仰と迷信、敬虔と偏見の混合物である。宗教改革はカトリック派の聖人崇拝を撲滅しようと努力したが、改革の先駆者たちも暦に変更を加えようなどとは考えなかった。[175]

とはいえプロテスタント派の歴史家たちも、一五五九年以降は新種の大年を広めた。それが〈世紀〉である。いわゆるマクデブルクの百人隊長《ツェントゥアリトーレン》たちが、教皇教会によりイエス・キリストの教えが歪曲されてきた歴史を共同企画の数巻に及ぶ著作で語ろうとした時、出版人たちは編者一人一人に分かり易い等間隔の期間、すなわち一巻あたり百年を割り当てた。もちろんこれは、ボ

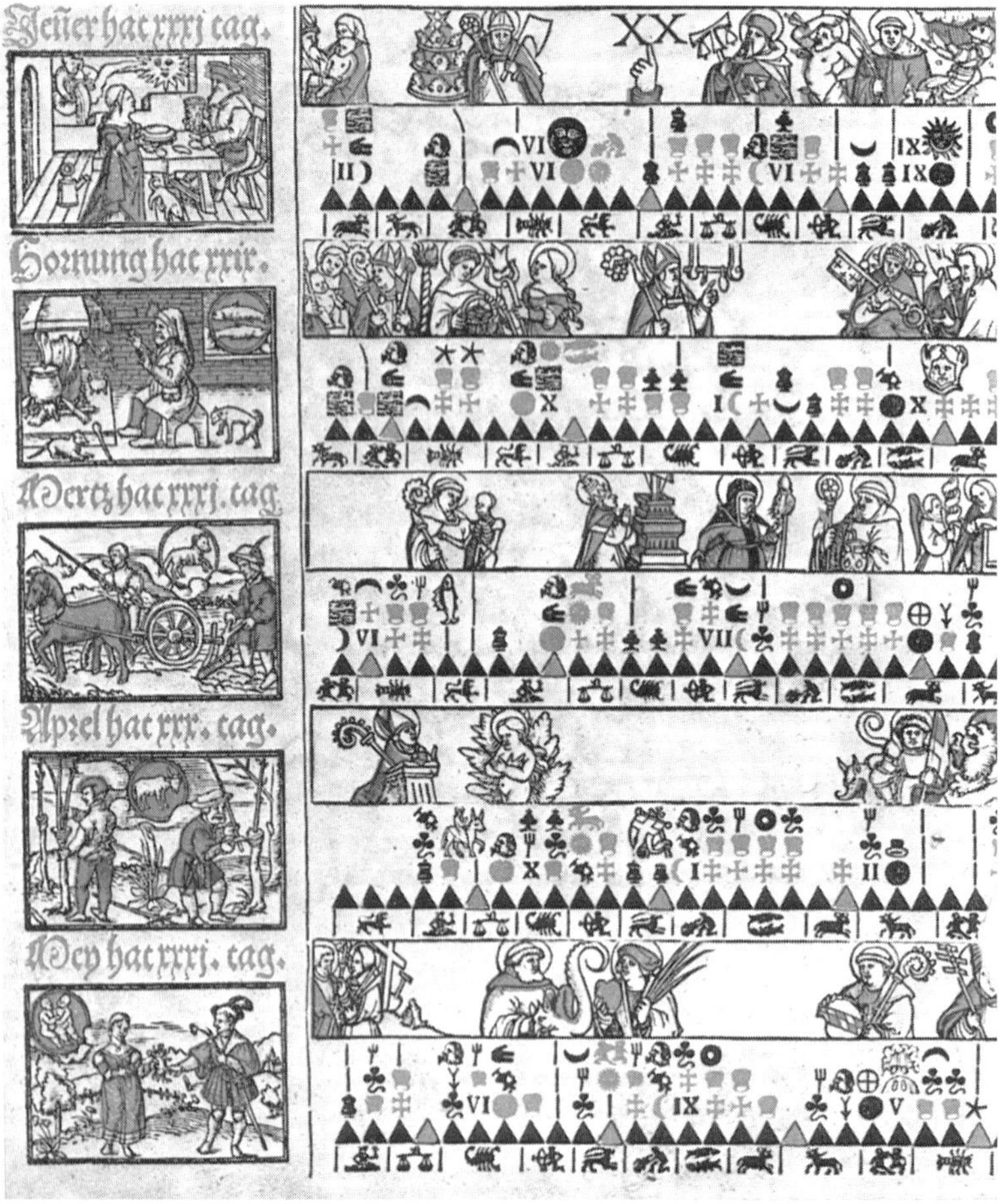

[図17] 閏年1544年の農民暦、市参事会専属印刷職人クリストフ・フロシャウアーによる一枚物のカレンダー、片面刷りの端物印刷、チューリヒ、1544年。この年の復活祭の日曜日は4月13日であり、4段目の左から13番目、十字架が描かれた旗の下の三角がそれに当たる。

ニファティウス八世がキリスト生誕を記念して派手に行ったカトリック派の祝年の習慣を真似たわけではない。また、ロエスのアレクサンドルは最後の百年《アノルム・ケンテナリイ》の終焉とともに世界は滅ぶと述べ、まさに今、この一六世紀がその時なのだが、そのことが出版人たちの念頭にあったとも考え難い。百年を単位としたこの新しい計算方法は、さしあたり技術的な臨時措置以上のものではなかった。ところがしばらくすると、歴史家が出来事や証言の明確な年号が分からない場合——ほとんどがそうだったのだが——、時代順に並べる傾向が顕著になってきた。百人隊の時間概念とコペルニクスの時間概念の距離は、ヘロドトスの時間概念とプラトンの時間概念の距離と変わらなかったのである。[176]

カトリック側のトリエント公会議は数学の進歩に困惑した。確かに公会議は、司祭は誰もが教会式暦算法を習得せねばならないと改めて肝に銘じさせた。ところが、どの暦算法を学ぶべきなのか、デュラン式の世俗的方法かコペルニクス流の天文学的方法か、それは公会議に集う教父たちでさえ分からなかった。代わりに決定してもらうには、まず改革に熱心な教皇が登場せねばならない。その教皇たちもまた、天界の機構が規則的に動くというコペルニクスの確信が人口に膾炙するまで決定を下すのを控えており、それはかつてフルリーのアッボが算出した復活祭の第三周期が終わる頃まで続いた。一五八二年二月、教皇グレゴリウス一三世がいわゆる〈グレゴリウス暦法改革〉を敢行する。一五八二年一〇月に一〇日間を削除し、春の開始日を三月二一日に固定し、閏日の削除について新しい規則を作ったのである。この改革が現代に至るまでわれわれの暦を定めることになる。この暦法改革は首尾一貫性を犠牲にしても、正確度を高めることを目的としていた。教皇は改革を聖人名鑑およびミサ典書の改稿と結びつけ、そこには年代計算の手引きが記載されていた。これらの暦表や〈ローマ・ミサ典礼書〉の聖人記念日リストを参照するカトリック教徒はごく稀で、ほとんど誰もが懐中暦で調べた。ヨーロッパの諸侯でさえ、学問的な基準ではなく地域の政治的立場から新しい暦法に対する是非の態度を決定した。いまやキリスト教の各宗派は、自分たちに共通する救済者の生誕と復活に思いを馳せる時点に関しても反目しあったのである。[177]

イタリア人異端者でコペルニクスを称賛したジョルダーノ・ブルーノは、一五八五年にある風刺文で異教の神メルクリウスを、数学者および〈驚嘆すべき暦算家《コンポティスタ・ミラビレ》〉からの神託として褒めたたえた。しかし、ブルーノが思い描いた神話の果てしない世界は、彼が蔑んだ学校数学以上に幻想的で不合理な記号が支配していた。[178]地上では、そっけない年号は日常生活とは無縁のもので、一五八五年にフランス貴族ミシェル・ド・モンテーニュが改革に抗議したほどだった。彼の周囲に暮らす農民たちは改革以前と変わらぬ方法で労働日を区分していた。モンテーニュ本人は《別の数え方をする時代に》、《別の自分になる時期はもはや過ぎた》時代に住んでいる。われわれにはとにもかくにも太陽年以外に年代計算（*compte du temps*）はない。それは非常に古いだけに、相変わらず実に不正確である。それでは何のために計算や改革を行うのか。近代フランス語には暦算家《コンポティスト》という語の使い道がなかった。[179]

近未来は、ようやく一六世紀になって生まれた人文主義的な人造語 *Chronologia*（年代学）を冠した新しい学問の領域だった。その創設者はスイスやオランダに亡命したフランス人カルヴァン主義者ヨセフス・ユストゥス・スカリゲルであり、彼は当時代のきわめて著名な学者だった。彼はまず一五八三年に様々な民族と時代の暦計算に関する十編の指南書を出版し、注釈を施した。すなわちヘブライ人、エチオピア人、コプト人、シリア人、アラビア人、ギリシア人、アルメニア人、古代ローマ人などである。スカリゲルはそれらをまとめて〈暦算法《クンパティ》の年代記《アナレス》〉と呼んだが、暦算法《コンプトゥス》という語は後代のもので、フィルミクス・マテルヌス以前に資料がないことも十分承知していた。その改訂要約版でも、少なくとも章のタイトルには暦算法の名を掲げ、それを〈年代記《ドクトリナ》の学問《アナリス》〉と解釈した。中世に記されたこのタイトルは、あらゆる暦算法を統合すれば、時代に即応する多数の見解の背後に隠れた時間を超えた真実に到達できることを今一度約束したのである。[180]

しかしスカリゲル本人は一六〇六年に主著の締めくくりとなる『年代宝鑑』でこの希望を断念している。まず最初にキリスト教徒の年代計算に関する最古の基本的著作、すなわちエウセビオスやヒエロニュムスの年代記を、それらの続編を含めて原文を復元し編集した。それから、もっとも近代的な暦としてアラビア暦を際立たせた。すなわち、旅人や商人がトルコでアラビア暦を使いこなせるように、主要な規則や覚え歌を携帯式暦算法《コンプトゥス・マヌアリス》にまとめたのである。それでも現代人にせよ古典古代人にせよ、真実のすべてを手中に収めたわけではない。これからなすべき事は、もはや神の時間や自然の時間の秩序、時間そのものの起源と目的ではなく、実際の出来事を歴史的に固定すること、しかも、マクデブルクの百人隊が試みた世紀を使う大雑把な計算方法よりも正確に固定することだった。スカリゲルは時間を《天空の運動の間隔》と理解していたので、彼の見解によれば、近代の年代学者《クロノロギ》たちは天文学者たちの進歩を拠り所にせねばならなかった。それにもかかわらず、彼はアルフォンソの表をコペルニクスの表より精度が高いと見なしていた。最新のものが最高ではないのだ。

計算のみでは歴史的な目的を見誤るし、測定も瞬間的にしか役立たない。自然科学の他に、記憶を保存する精神科学も組み込まねばならない。スカリゲルは文献学者としての批判的な目を用いて、できる限り古い歴史記述者が伝える出来事を基にして、確定された時点による骨組みを作った。もはやそれは年数を連続して並べるのではなく、一回限りの日時から構成されていた。これらの日々が、後代の人々が日付を決定する際に役立つ重要な転機、時期を設定することになる。たとえばトロイアの破壊、古代のオリンピック紀元の開始年、ローマ建国、ローマ暦周期の開始年、聖書に記された天地創造の日、キリストの誕生日、ムハンマドのメッカ逃走、セルジュク人の時代である。スカリゲルの年代学は自然界の周期に番号を振るのではなく、将来歴史的な思考の拠り所となる人間の営みの頂点に印をつけた。要するに、年代学は歴史的な時代を構成したのである。

最古の起点がもっとも不確かである。スカリゲルがはじき出した天地創造の年代はかつてのベーダとほぼ同じ紀元前三九四九年だったが、ベーダのように世界史の本当の根源を確定する名誉欲はスカリゲルにはなく、予測できる時代をすべて相互に関係付ける意図しかなかった。その余地を得るために、スカリゲルは歴史時代《テンプス・ヒストリクム》全体の期間を七九八〇年間〔ユリウス周期〕と仮定した。これは古典古代でもっともポピュラーだった三種類の周期、すなわち太陽周期の二八年、月軌道の一九年、インディクティオ〔ローマ帝国での課税目的の財産査定〕周期の一五年を掛け合わせて創り出したものだった。スカリゲルはこの期間が、聖書時代の始まりよりはるかに古い紀元前四七一三年一月一日に始まると設定した〔この日の正午からの通算日数が「ユリウス通日」である〕。古代エジプトから信頼に足る情報を得て、さらに古い未知の世界に遡る必要が生じると、数学的処理《モーレ・マテマティコルム》により予備期間《テンプス・プロレプティコン》として、さらに七九八〇年間を加えた。

スカリゲルが無限の《イン・インフィニトゥム》〈先史時代〉と、少なくともそれと同期間の未来の余地を設けたことにより、彼は年代学をあらゆる宗教的信条の絶対性と根源性から解放し、天文学的な時代測定と文献学的な出典批判という二つの技術的方法がもつ相対性と進歩性に結びつけた。彼がカルヴァン主義者としてグレゴリウス一三世の暦法改革を批判したのは、それがとうてい十分とは思えな

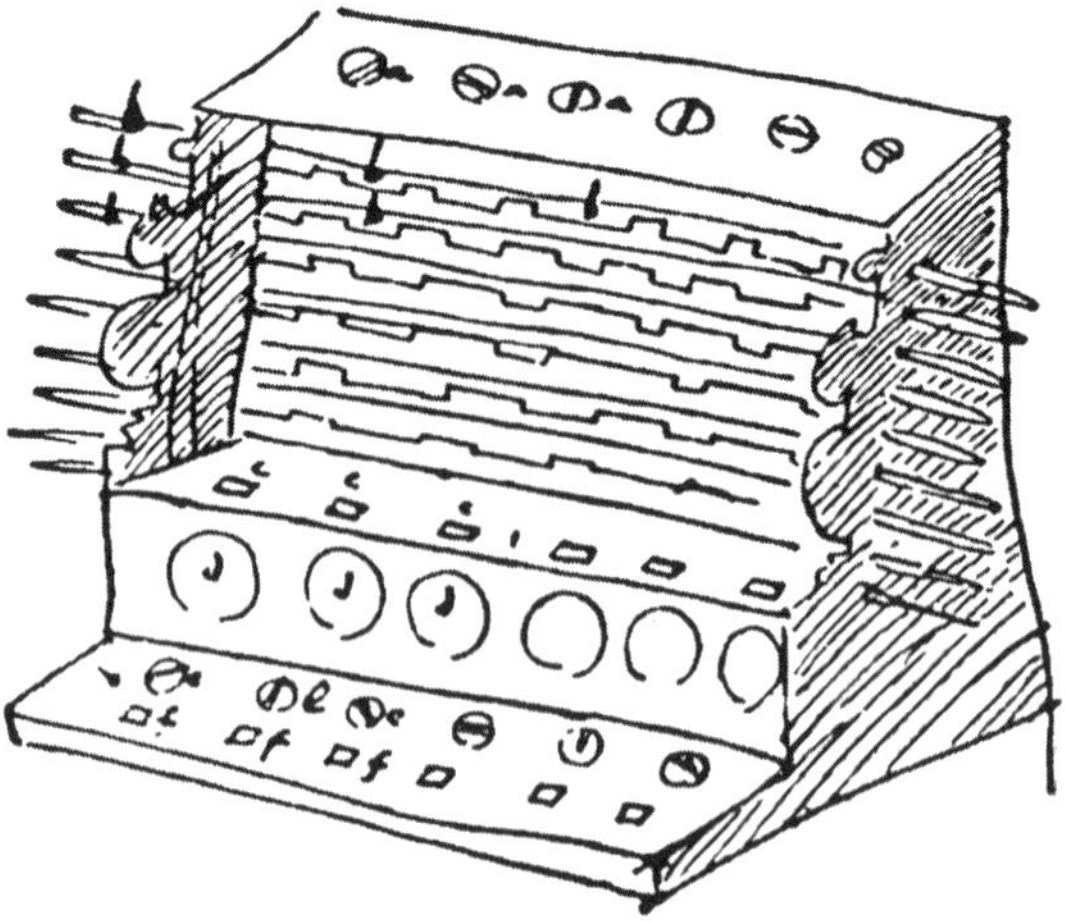

［図18］シッカルトの計算機械、シッカルトがテュービンゲンでケプラー宛に書いた1624年2月25日付書簡に添えた図、サンクトペテルブルグ・プルコヴォ天文台所蔵のケプラー遺稿より。この計算機械は独立した三つの部分で構成されている。中心部分である中央の加減算用計算装置には、dddの裏に隠れた歯車とそのカウンターcccが含まれる。剰余計算に用いられる上部の調整用シリンダーについて、回転つまみaaaとスライドバーbbbが見える。下部にある計算装置のダイアルは、回転つまみeeeとカウンターfffからそれと分かる。

かったからである。彼には中世の教会式暦算法に歴史的真実がまったく見い出せず、《愚かしさでは勝るものがない、昔の暦算家《コンプタトレス》たちの夢想》にすぎないとしか思えなかった[181]。スカリゲルに敵対するカトリック教徒たちは、キリスト教の年代計算を救おうとして、《キリスト生誕以前》の年月を操作する抜け道を見つけた。そしてすでにベーダが利用したこの計算方法が浸透したのは、最初の聖夜を救済史の中心点として強調したからではなく、天地創造のより不確実な日付を回避したからだった[182]。

　マニュファクチュアの時代であ

る一七世紀には、早くも計算尺と計算機械が組み立てられていた。すでに一四世紀に天文時計で機械仕掛けの鶏が羽ばたきながら刻の声をあげて以来、時刻表示機と自動機械は分かち難く結びついてきた。今なら自動機械もコペルニクスやスカリゲルの線に沿って時間を計算できるようになったのではないか。最初の近代的計算機械は、テュービンゲンの東洋学者にして数学家であるヴィルヘルム・シッカルトが一六二三年から翌年にかけて設計した装置で、実際にヨハネス・ケプラーの年代記と天文学にかかわる著作を補助するはずだった（図18参照）。友人ケプラーが〈理《ロギ》論的に《スティケ》〉着手したものを自分は〈機械的に《メカニケ》〉試みる、とシッカルトはケプラー宛書簡に書いている。しかし彼の計算機械（*arithmeticum organum*）はそれに不向きだった。なぜなら、自動的に計算できるのは最高で六桁の数字までだったからだ（*datos numeros statim automatos computet*）。とはいえ、この〈計算する（*computare*）〉とは加減剰余すべてを意味した。技術が理論に貢献したのである[183]。

その後、収税吏の息子である若きブレーズ・パスカルが一六四二年から四五年にかけて計算機械（*machine d'arithmétique*）を実用的な目的で考案して組み立てた。彼は、金銭の決済に多数の計算石（*jetons*）を並べたり、長い桁の数を記帳したりする死ぬほど退屈な業務から、計算作業に従事する者（*calculateur*）、とりわけ財務官吏を解放してやりたかったのである。加算機械のカウンターは同時代の通貨制度にも対応していた。パスカルはその計算機を懐中時計（*montre*）にたとえ、またこれをモデルに時計職人（*horloger*）が製作したが、年代計算者には計算機の使用を薦めなかった。なぜだろう。パルカルは健全な人間悟性および数学的な方法と、被造物の精神および宗教的な省察をアウグスティヌス並みの厳格さで区別し、特に一六五四年の〈第二の回心〉以降は完全に区別したのだ。われわれは日常生活で時間や数字を適切に扱う術を心得ている。しかしアリストテレスの定義が絡むと、訳が分からなくなる。人間は無限小と無限大、無と森羅万象の間を揺れ動く。計り知れない神においてのみ、時間と数字の両極端は真の意味で一緒になる。これらの深淵でわれわれに認識できるのは推定的事実だけだ。ユダヤ人は自分たちこそが最古の民族だと四千年前から断言しているが、この主張を打ち消すのはかまわない。しかし、天地創造と救済史は信仰の問題であり、計算例ではないのだ。

パスカルの世紀には、デカルトの影響を受けて人間を肉体と魂から成るメカニズムと見なし、それゆえに計算可能だと考える風潮があった。パスカルはこの合理主義的な風潮にも異を唱えた。むしろ神の似像として創造された人間は理性で構成された知的存在であり、習慣のみで構成されたのが〈自動機械《オートマト》〉なのである。完全に自動機械のように振舞うその他の生物から人間を区別するのは、思考する魂なのだ、と。それではパスカルの機械のような自動計算機はどちらの側に立つのか。《計算機械（*machine d'arithmétique*）は動物のあらゆる行動よりも思考に近い効果を発揮する》。自動計算機械は、絶対的な制約下にある人間が有する独創性のシンボルである。ところが、この人工知性にはごく単純な動物的意志さえ欠けている。このようにして、生物と道具の距離は保たれのだ。[184]

一七、一八世紀に計算機械を考案しテストした大勢のヨーロッパ人は、ライプニッツを模範に数学的理論を重視し、卓越した思想家の精神を機械的なルーティーンワークから解放することのみを欲した。それゆえにその手工業製品を決して思考機械とは呼ばず、ラテン語で *machina arithmetica*、フランス語で *machine d'arithmétique*、ドイツ語で *Rechnungs-Maschine*、後に *Rechenmaschine* と呼んだ。天文学的用途で考案された機械は幾つもあったが、暦算法的用途で使用された機械は一つもなかった。ドイツ人イエズス会士カスパー・ショットは一六六〇年頃に自作の数学装置《オルガヌム・マテマティクム》に復活祭を特定するための計算棒を組み込んだが、もはやシッカルトとは違い暦算法（*computus*）に関わる派生語を使いはしなかった。[185]

なぜなら一七世紀になると、昔からの暦算学の意味で年代計算に取り組むのは地域向けの暦製作者だけになってしまったからだ。それにちなんで年代計算者は、以後ドイツ語では暦作成者《カレンダーマッハー》と呼ばれた。ここではもっとも有名なカトリックの詩人ヤーコプ・クリストッフェル・フォン・グリンメルスハウゼンを例に挙げよう（図19参照）。彼の作である一六七〇年の〈万年暦〉は、ドイツ語で命名された日々を六つの欄に分けており、その一番目の欄は六千名近くの聖人名を記した殉教者列伝となっている。二番目の欄にはラテン語による日付とともに、〈様々な歴史〉として俗人向けの救済史と世界史が記されている。そこでは三月一八日にこう記してある。〈四月の朔《つい》

60 Deß Abenteurlichen Simplicissimi

Agricola Bischoff zu Cabilonæ.
Wiltburg Jungfr. in England.
Eugenius, Pamphilianus, Castor und Seronus martyrer zu Nicomedia.
Collegius Diacon, wie auch Rogatus und Satyrus martyrer zu Alexandria.

G ♄ Der 18. Mertz.

Alexander Bischoff und Martyrer zu Jerusalem.
Gabriel ErtzEngel.
Cyrillus Bisch. zu Jerusalem.
Anshelmus Bisch. zu Mandua.
Salvator, Franciscanus.
Eduardus König und Martyr. in England.
Narcissus Bisch. und Martyrer zu Augusta.

A Der 19. Mertz.

Joseph Pfleger Christi Mariæ Gemahl. XIII.
Johannes Abbt und Beichtiger.
Calocerus Martyrer.
Apolonius / Bassus / Sorentus und Leontius.
Theodorus Bisch zu Cæsarea.
Lactinus Bisch. in Irrland.
Maria Magdalenæ Erhebung von Aquitania in das Vercelliacensische Closter.
Menignus Walcker und martyr.
Amandus Diacon zu Gent.
Landoaldus Priester daselbsten.
Sybillina Jungfraw Dominicaner Ordens.

B Der 20. Mertz.

Archyppus S. Pauli Gesell.
Cut-

die Hexen/ solche Kunst aber nicht könden/ wie du sie dann auch keineswegs können noch lernen solst.) So nimb Molten Blätter/ thue sie in ein newen Haven/ decke ihn beheb zu/ setze ihn unter die Erden daß er nit außdämpfen mag / so werden in kurtzer Zeit Frösch auß den Blättern.

XV. Calendas Aprilis.

DJß ist der erste Tag der Welt/ an welchem GOtt Himmel und Erden erschaffen hat; Nemblich vff einen Sontag.

An diesem Tag hat der HErr JEsus zween Blinde erleucht. Matth. 20.

Anno 1502. erhub sich der Bundschuch oder Bawren-Krieg umb Speyr und Bruchsall; Mit ein Wort ihr Meinung war selbst Herrn zuseyn/ aber sie wurden zertrendt/ hin und wider vff mancherley Weeg hingerichtet.

XIIII. Calendas Aprilis.

DJesen Tag hat GOtt das Firmament erschaffen am einem Montag.

Maria Magdalena hat diesen Tag den HErrn JEsum zu Betania gesalbet. Joan. 12.

Ist auch auff diesen Tag geschehen die Vermählung Josephs mit Maria der ewigen Jungfrawen und Gebärerin Gottes; an welchen Tag er Joseph auch auß dieser Welt geschieden.

Eysen und Staal zuhärten.

Nimb Regenwürmb/ Senff-Saamen und Rettig-Safft thue es untereinander/ laß beym Fewr ein wenig erwallen/ mach Staal oder Eysen glühend/ stosse es hinein/ so bekombt es ein solche Härtung/ daß du ander Eysen mit schneyden und bohren kanst.

XIII. Calendas Aprilis.

AN diesem Tag hat GOtt die Wasser gesamblet. Item

Simplicissimus.

Lieber Pfetter ich habs so wollen haben / last der guten Mutter auch ein wenig Ruhe.

Knan.

Ja ihr werdet grossen Nutzen darvon haben / wann Regen einfiele und uns das öhmbt verdürbe/ man muß drauff trucken wann die Sonn scheinet / weil alsdann ein Narr mehr Futter dörren kan / als sonst zehen Docter wanns regnet: Es heist was vor Michaëlis nit geöhmbtet werde / das müsse man hernach öhmbtlen/ daß ist / daß öhmbt bettelhafftig und sehr langsamb einmachen / unnd wird doch nichts guths drauß / sonder keinnützig-wetterfarbig roth Ding/ dz nachgehents wann mans im Winter füttern muß / den Kühen ein gantz Jahr nachgehet / und nit wenig an der Milch schadet / wann sie anderster nit gar kranck darvon werden

Simplicius.

Es wird drumb eben nicht so gleich regnen.

Knan.

Was? ich will mein Kopff verwetten wo es noch 3. Tag schön bleibt/ dann ich habs ja gester wol am Heyland (so nennen die Bawren vff den Schwartz-Walt und im Preyßgaw den Mon / wann sie jhn ehrerbietig nennen wollen) gesehen : gehe nur hin Mutter zum Gesind wañ du gleich nichts thust / als zusehen/ so werden doch sie desto fleissiger seyn: indessen will ich mit dem Knecht in Walt/ und ein baar Plöcher mit den alten Ochsen herab schleiffen.

Sim-

［図19］グリンメルスハウゼンによる天地創造の日付、万年暦、1670年、ニュルンベルク。

日《たち》から一五日目〔一四日前の意味〕、この日は、神が天と地を創造された世界最初の日であり、すなわち日曜に当たる〉。同じ日にはこう記してある。〈一五〇二年にシュパイヤーおよびブルッフザル周辺で農民一揆あるいは農民戦争が勃発した〉。崇高な原初の時間と現在の貧窮が混在しているのだ。三番目の欄は特定の時期に充てられている。すなわち当日の天候に関する農民の決まりと、語られた時間と同じ長さの物語、いわゆる〈暦物語〉が集められている。

四番目の欄には、ほぼ一年を通じて学問的な会話〈暦作成とそれに関わる事柄〉が続く。これはまさに暦算法《コンプトゥス》なのだが、ただしグリンメルスハウゼンはもはやそう呼ばない。ここでは暦作成者がアリストテレス（実際はむしろプラトンであるべきだが）を引用して、時間とは〈天空の最上位にある体《(ママ)》の数あるいは広がりである〉と解説する。ユダヤ教徒とキリスト教徒の見解を選び集め、神は世界を紀元前三七〇七年から六九八四年の間のどこかで創造されたと述べている。〈暦作成作業において最重要である〉キリスト教会の復活祭計算についても長々と論じたうえに、暦とその改正に関する簡潔な世界史まで披露する。最後の二つの欄も同じく一年通しで天文学と占いについて論議している。こうして殉教者列伝、年代記、暦算法学とカロリング朝時代の三大ジャンルが蘇ったわけだが、もっともそれは雨乞い師、星占い師、占い師の胡散臭い仲間連れという落ちぶれた文化財と化していた。グリンメルスハウゼン本人の作品でも使われている言い回し《あんたは暦作りなみの嘘つきだな》が意味するのもこの三人組だったのだ。[186]

一六四六年にイギリスでは、懐疑派の医師サー・トマス・ブラウンがモンテーニュ流に〈時間の精密な計算《コンピュート》〉はそもそも試みるべきでさえなく、〈一般的な普通の説明〉で満足すべきだと主張した。ベーダのような古代人の〈計算《カルキュレーション》〉にせよ、スカリゲルのような近代人の〈年代学《クロノロジー》〉にせよ、時間の起源が有する見通しの効かない闇を照らし出したと妄想する学者たちのひとりよがりにはぞっとさせられる。さらに不愉快なのが、民間に流布した推測、〈この暦算家たち《コンピューターズ》が作った暦〉、暦作成者たちの気象金言であり、連中は、グレゴリウス暦が導入されているのはロマンス語圏の国々のみであり、大英帝国とドイツの一部ではユリウス暦に固執していることさえ気づいていない。しかもそうした〈暦算家たち《コンピュティスツ》〉は一年を三六五日と数える一般的な〈説明《アカウント》〉にも反抗する、と。(187) イギリス人が新しい暦を導入するに至るには、これから一世紀はかかるだろう。

近代英語の *computer* と *computist* には中世英語 *compute* と中世ラテン語 *computista* の響きが残っている。それにもかかわらずブラウンは、九百年前にベーダから授かった名声の最後の残滓を暦算家たちから奪ったのである。

Computer という語は一七〇四年にもう一度、ジョナサン・スウィフトの風刺文学に登場する。しかし彼はそこで中世の暦算学ではなく、時代をはるかに先取りして近代の情報学を攻撃しており、古典古代の学者とは違って、読書も思考もせずにひたすら万物を蒐集する現代の学者たちを笑いものにしている。現代の学者は書物を後から研究する、つまり要約や索引の頁だけをめくり、

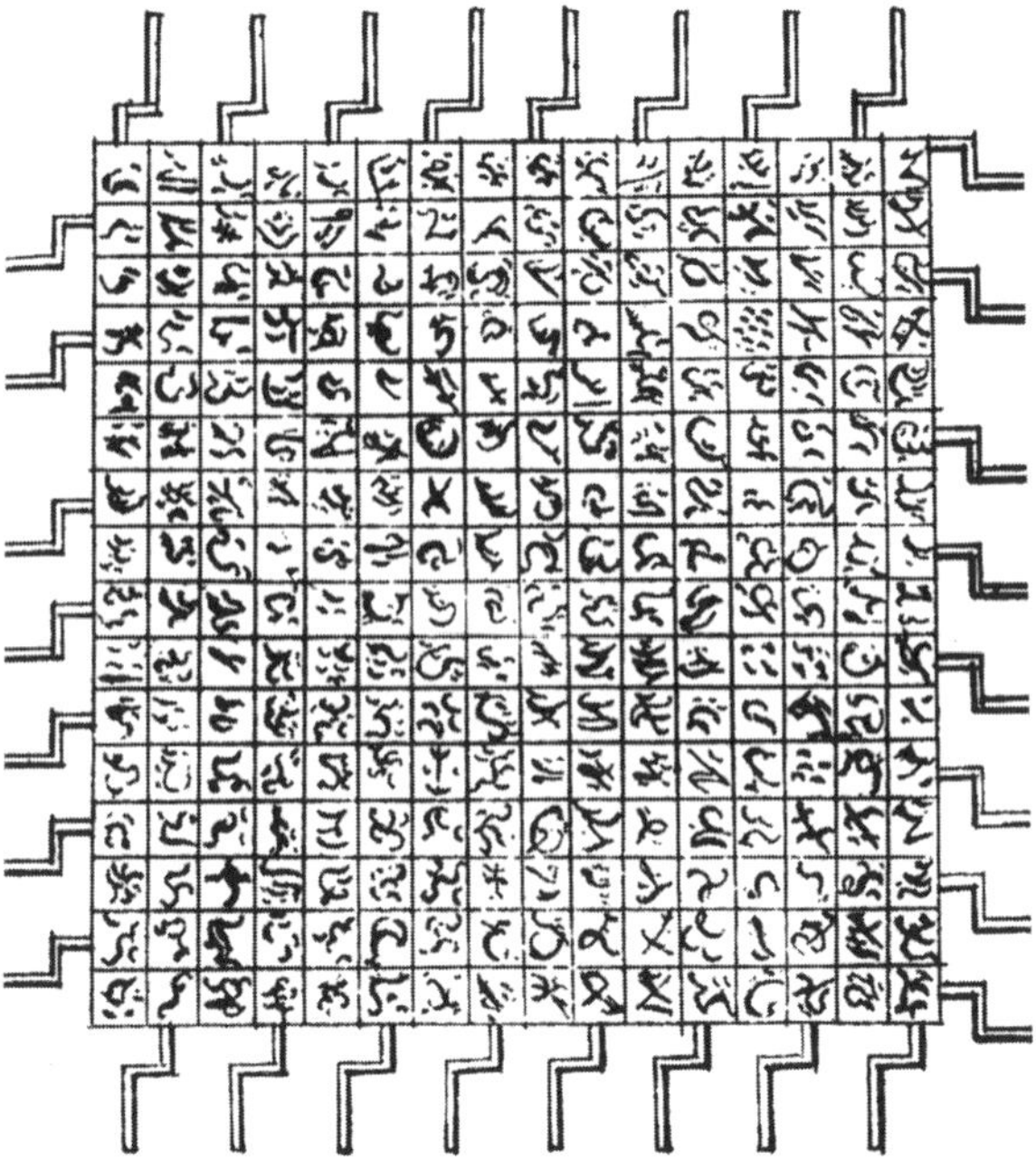

［図20］スウィフトが披露した設計マニア向け自動文章作成装置、『ガリヴァー旅行記』初版（1726年、ロンドン）に付された作者自身が構想した銅版画。この図は一部が省略されていて、256個の正6面体の各面に文字を記しても、ひとつの言語の有する単語すべてを表現するには足りない。40本あるべきハンドルも31本しか見えない。記されている文字は、ヘブライ語、アラビア語、中国語から成る空想上の合成語である。

それをネタにしてさらに数多くの本を書くが、実のところ、本当に新しい理念はたった一冊の本にすべてすっきりと収まるはずなのだ。スウィフトはこの話をある〈非常に計算の巧みな人物（*very skillful Computer*）〉から聞かされた、と主張する。その計算者は算術の公式を使ってその話を証明してくれた、と。進歩主義の神学者であるこの計算者《コンピューター》は実は数学や年代計算に関しては何も理解していない。書物を山のように大量生産して、現在の流行から利益を得ているのだ。[188]

一七二六年、スウィフトは『ガリヴァー旅行記』で設計マニア向けの巨大な機械を披露した（図20参照）。入念な〈計算結果《コンピュテーション》〉に基づいて設計されたと称するこの機械は四〇名のスタッフが操作し、これを使えば《どれほど無知な人間であろうと、手頃な費用と僅かな労力で、哲学、文学、政治、法律、数学、神学に関する書物が、才能や努力を微塵も必要とせずに執筆できる》のである。こうした機械を五百台も生産すれば、じきに世界はあらゆる学問と芸術の一大集成を手に入れられることだろう。言語に含まれるあらゆる単語を記憶し次々と新たに組み合わせていくこの器具は、現在ならば非数値データ処理用のコンピューターと呼ばれるところだ。この自動文書作成装置が小説家と同じ名前を付けられるかもしれないなどとは、当時は辛辣なスウィフトでさえ思いもしなかった。[189] それにもかかわらず彼の風刺文学は計算機械の根本思想を攻撃し、それを *Computer* という概念と結び付けたのである。この器具とその利用者の時代は、世界史ではなく歴史なき瞬間であり、その数字は質を評価せず量に物を言わせたものであり、その言語は深い意味をもたない記号体系だったのだ。

XII 一八、一九世紀における時刻測定法と工業化

一八世紀になると、ヨーロッパ人の時間意識に変化の兆しが見られた。その広まり具合はあまりに不均等、あまりに遅鈍で、とても革命とは呼べないものだったが、その変化が一四〇〇年間に及ぶ暦算法《コンプトゥス》の歴史に止めを刺したのである。その際、技術的な時刻測定法と歴史的な年代学という二つの相反する発展がともに作用を及ぼした。フランスおよびイギリスの時計職人は一八世紀中に精密時計の製作に成功した。この精密時計は秒を文字盤上で表示するばかりか、秒単位で正確に進み、新しい名前で呼ばれるようになる。フランス語で一七〇一年以降は *chronomètre*、英語で一六八六年以降は *Time-Keeper*、一七三五年以降は *Chronometer* である。このクロノメーターの登場により、機械時計が一四世紀以降掲げてきた時間測定の要請がようやく満たされることになり、世界探検の時代に世界規模での機動性を授けた。それというのも、海軍や商船隊は外海で

現在位置を正確に特定し、目的地を適切に変更するための道具を手に入れたからである。[190] 地域的な時間が所有していた完璧性は世界時間により失われた。クロノメーターを使って歴史的な年表を一つに束ねようとする学者たちの興味は薄れた。なぜなら細分化した世界史の唯一の起源をたどることなど不可能だったからだ。どうやら古典古代の時間基準では真の始まりにたどり着けないらしい。すでにスカリゲルから衝撃を受けていたユダヤ教‐キリスト教の年代計算は、エジプトや中国からの情報との比較にも耐えられなかった。

プラトンの時間概念を復活させた哲学上の方向転換が、時刻測定法と年代学の両分野が発展する基礎を築いた。一六八六年、アイザック・ニュートンはフルリーのアッポが世紀の分かれ目に行ったよりもさらに過激に時間を二分化した。数学的‐時刻測定学的な時間と、歴史学的‐年代学的な時間への二分化である。《絶対的な、真正の、数学的な時間はそれ自体で、本来の性質に従い、外的なものに一切無関係なまま、均等《イクワブリー》に流れる。それは別名、持続と呼ばれる。相対的な、目に見える、通常の時間は、持続を運動を介して認知できる外的な尺度であり、一般に真正の時間の代わりに使用している、一時間、一日、一月、一年などである》。学問は習慣の側ではなく、真実の側に味方したのだ。

一七〇三年、ゴットフリート・ヴィルヘルム・ライプニッツはニュートンに反論し、単に相対的なものである時間を、連続して起こる出来事、とりわけ個人の人生の各段階から区別することを拒んだ。それにもかかわらず彼もアリストテレス説を批判するのは、ライプニッツが歴史的および数学的な時間を連続体として理解していたからだった。《現在は未来を孕み、過去を背負わされている》。もっとも、次々と浮かんでくる人間の観念は、《直線のように、均一で単純な連続体である時間の進行とは決して》一致しない。おそらくわれわれはアリストテレス説を信じて、時間を運動の尺度と見なせるだろう。均一な運動を不均一な運動の尺度と考え、持続を周期的な運動の数を介して、たとえば地球や星辰がこれこれだけ回転した数として認識することができるかもしれない。だがしかし、ニコラウス・クザーヌスが予感していたように、天体の運動そのものが時間の変化の影響下にあるとすれば、そこには(プラトンが述べる天球層の調和と同じく)持続的なものは何もない。これは毎日の太陽の公転には疑いなく当てはまり、おそらくは一年間の公転にも当てはまるだろう。

そうだとすれば、スカリゲルに同調して、世界史において一年の長さが均一であることを前提にするのはあまり分別があるとは言えなくなる。予備期間を設けることで可能性の余地を作ったユリウス周期の年代学は、世界開闢以来実際に過ぎ去った年月を年代順にまとめる術を知らない聖書の年代学よりも確実に役立つに違いない。世界は緩慢な進展を見せ、その際に自然界でも急激な変化は起こらない。それを起源の一年に短縮して罰を受けずにすむはずもない。それとほぼ同程度に不遜なのは、スカリゲルの想定する先史時代では《太陽の軌道により示される一日、一夜、一年が存在する以前に》一日、一年がどれほどの長さだったのか、と問うことである。様々な進歩を遂げたにもかかわらず、現代の時刻測定はいまだにある変動性の影響を受けており、その変動性とは昔から作用してきたとしても、未来にならなければわれわれには意識できないようなものだ。《地球の自転は……今までわれわれにとって最高の尺度であり、塔時計や懐中時計〔*les horloges et montres*〕はそれを分割するのに役立つ。それにもかかわらず、毎日生じているこの地球の自転も、時の経過につれて変動するかもしれない》。時間のような連続体は、周期性などを基礎にすることはまったくできないし、数字も無理である。周期性と数字がお互いに似ていないのは、時間どうしが似ていないのと同じである。アリストテレスの考えた時間と数字の結合が解かれるのならば、歴史的な時間も年代学以外の規則に従って区分する必要がある。[191]

一七二五年以来、ジャンバッティスタ・ヴィーコは〈歴史年表《タヴォラ・クロノロジカ》〉で、ユダヤ暦における世界の起源が突出して古いことを擁護しようと考え、旧約聖書に描かれたキリスト教以前の四千年間に及ぶ〈世界暦《アニ・デル・モンド》〉が客観的に正しいことを証明しようとした。しかしながらヴィーコは、世界各地で最古の時代は年代ではなく収穫のサイクルで時間を数えていたことを詳述する結果になった。最古の神話は時系列の起源としてサトゥルヌス〔古代ローマの農耕神〕－クロノス〔*Kronos* ギリシア神話でゼウスの父、ローマ人にサトゥルヌスと同一視される〕－クロノス〔*Chronos* オルフェウス教の時間の神〕のような神々、あるいは火災によって開墾を行い農耕地を手に入れたり、オリンピック競技会を考案したりしたヘラクレスのような英雄の活躍を描いた。天文学と数学、すなわち合理的な時間測定と年代計算がノアの洪水から千年後にカルデア人の間で生まれたとすれば、聖書もそれ以前の神話時代を測定するデータは提供できない。そうだとすれば、様々な民族の空想に満ちた〈詩的年代学《クロノロジア・ポエティカ》〉は一連の類型に、それどころか類型群にまとめることさえできるが、数列にはまとめられない。スカリゲルの近代的年代学でさえ神話学に巻き込まれていたのなら、ベーダの中世的暦算法学はなおさらだった(192)。

他民族よりも早くから完璧な時間測定を行っていた民族が若干いたかもしれないことは推測された。ヴィーコは古代ユダヤ民族の太祖がそうだと信じていたが、同じようにヴォルテールは一七五六年に古代中国の天文学者がそうだと考えた。《彼らはわれわれより二六〇二年前に、周期《アン・シ》表《クル》、暦算法《アン・コンピュート》を考案していた。中国人が一致団結して着手した年代学《クロノロジ》に異議を申し立てる権利がわれわれにあるだろうか？　われわれには〝古い時代を計算する〟方法が六〇種類あるが、これは一つもないのと同じことだ》。ヴォルテールは、聖書に端緒ありと擁護するキリスト教の〈年《ク》代学者たち《ロノロジスト》〉を嘲弄し、キリスト生誕を起点とする年代計算を〈われわれの通俗紀元《ノートル・エール・ヴルゲール》〉として愚弄したにすぎない。天界のメカニズムに関するニュートンの発見により最終的に証明された通り、キリスト紀元とは模倣者と愚か者の発明だった。しかし、ヴォルテールは世界史がどれほど古いのかを知っていたわけではなく、知りたいとも思わなかった。彼の願いは《フランス市民階級の普遍的な前史を書くこと》だったのである。[193]

ドイツ人は年代学（*Chronologie*）を、すでにケプラーが馴染み、一七一六年以来は一般に流布していた言葉である年代計算（*Zeitrechnung*）と翻訳したが、先史時代については先のイタリア人やフランス人よりもさらに神秘的に解釈した。ヨーハン・ゴットフリート・ヘルダーは一七七一年から翌年にかけて聖書の第一書に関して、《年代計算とはどれほど骨の折れる作業であるか》を考察した。《数列の抽象的な概念にはどれほどの努力が必要だろう。そのように繰り返される一連の日々で構成される一月、季節、一年を観察するとなれば、さらにどれほどの労力が必要だろう》。人が神を時間の生みの親として認識しようとしなければ、《天上の年代計算者が存在することを、雲の中に暦があることを仮定しようとしなければ》、どのような年代学でも人類の模糊とした起源に遡ることはできない。〔当時の見解では〕生成しつつあるものを象徴する神聖文字には数字がなかった。刻の計算法に至っては、人間は様々な民族へと分化した後に初めて学んだのであり、ギリシア人はローマ人と、ユダヤ教徒はキリスト教徒と別の方法を覚えた。キリスト教会の年代決定法は数多くある提案のひとつにすぎない。歴史主義が興った時代には〈われわれの年代計算より以前の〉世紀がますます頻繁に話題での最初の世紀〉や〈われわれの年代計算

［図21］閏年1772年のニュルンベルク市参事会発行の暦、市参事会専属印刷職人ヨーハン・ヨーゼフ・フライシュマンの印刷、ニュルンベルク、1772年。市参事会会員の紋章、主日文字、聖人記念日、獣帯記号、天気予報が掲載されている。

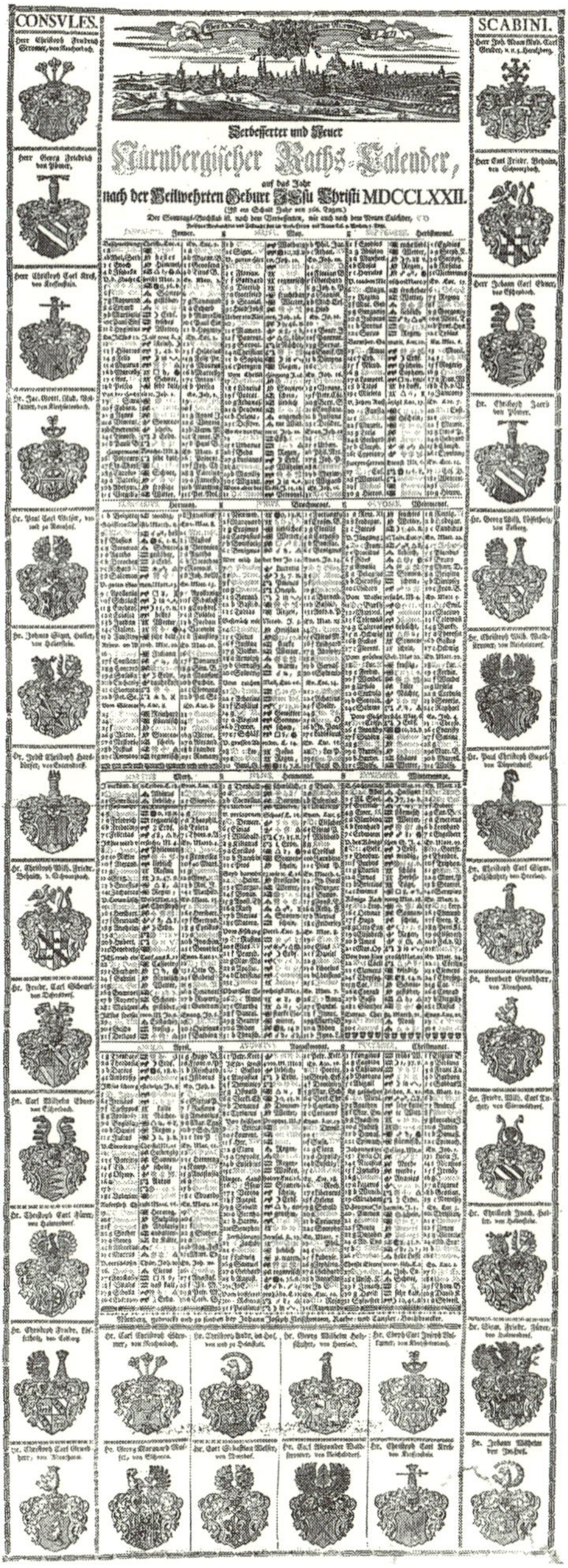

CONSVLES. | SCABINI.

Verbesserter und Neuer

Nürnbergischer Raths-Calender,

auf das Jahr

nach der Heilwehrten Geburt JEsu Christi MDCCLXXII.

Jenner. | May. | Herbstmonat.

Nürnberg, gedruckt und zu finden bey Johann Joseph Fleischmann, Raths- und Canzley-Buchdrucker.

[図22] フランス革命暦、ルイ-フィリベール・ドビュクール作の銅版画、パリ、1794年、パリ・ルーヴル美術館所蔵。ジャコバン帽をかぶった革命の女神が天文学書を読んで口述筆記させている。足元には単純な日時計、何枚もの古文書があり、その一枚には〈グレゴリウス暦〉という見出しが記されている。

にのぼったが、イエス・キリストの受肉以前・以後の年月についてはますます話題にされなくなった[194]。

世界の起源が神話の専門領域になる一方で、測定可能な時間は現代に向けて発展する傾向を見せた。一七九三年、フランス革命暦は一切の宗教的年代学、とりわけキリスト教の西暦紀元《エール・ヴルゲール》を非合理的であると批判し、全人類が自由で平等で博愛精神を抱く時代が一七九二年九月二二日をもってようやく始まると宣言した（図22参照）。容積単位のメートル法導入は最終的に世界規模で成功した。それに並行した時間単位の計画は私より公で容易に、田舎より都会で迅速に成果を挙げた。最終的に革命暦が挫折した理由は、秋分の日を年始とするパリの地域的習慣、古代ローマ風に気取った月や日の名前、一日は十時間、一時間は百分など時間を抽象的に十分割したことだった。しかし革命暦のおかげで、フランスの歴史学は年代学に対して長い間尊敬の念を抱くことになる。年代学とは、永遠に記憶に値する物事を調和させ、現代史《イストワール・コンテンポレーヌ》を尊重し、さらに現代における常に進度の速い、しばしば驚異的な出来事を尊重する学問である。こうした出来事においても同様に、永遠なるものは示されるのである。《歴史的事件は水に投げ込まれた石に似ている。水面には波を作り、水底からは泥を浮かび上がらせ、この泥が生活基盤の下に蠢くものを暴露するのだ[195]》。

フランス革命の挑戦に応じた創造的回答である一九世紀のドイツ歴史主義は、祝祭的な時代や動乱の時代、あるいは至極曖昧に現代史〔直訳は時代の歴史〕と呼ばれる現代の出来事に関連を求めなかった。一八五四年、レオポルト・フォン・ランケは政治史における一時代を、突然訪れた重要な時点とは定義しなかった。一時代とは最短で一世代、最長で一世紀に及ぶものなのだ、と。一八六八年、ヤーコプ・ブルクハルトは年代学を実証主義の道具へと格下げする一方で、文化史こそが〈刻を告げ知らせ〉あらゆる時代から持続的なものを〈寄せ集める時計〉であると述べた。《歴史的な時間とは単に測定された時間に留まらず、人が暮らし、悩み、経験した時間である。毎分前進する時計の針が定めるのではなく、内面的体験と外面的経験のはるかに調子外れの時針が定める時間である》。テオドール・モムゼンやブルーノ・クルシュのような例外が、本書の冒頭で述べたドイツ歴史学の年代計算に対する軽視という原則を裏付ける。歴史学は社会的時間という戦場から撤収し、ジャーナリストや古美術商に引き渡したのである。[196]

その一方で、学者でない人々は短い単位の時間をますます真剣に受け止めるようになった。一番早いのが余暇活動の分野で、これはかつて時間の浪費ではないかと疑いの目で見られていた。イギリスの競馬は一七世紀まで遡るが、こうした前段階を経て、一九世紀初期には全ヨーロッパで、一定時間の活力と瞬間的な緊張に満ち、スピーディで目的のある身体運動が奨励された。それは成績の向上を目指し、秒単位で記録を測定した。記録に必要な小型のストップウォッチは、遅くとも一八二五年以降に海軍の経線儀《クロノメーター》をモデルとして開発され、一八五〇年からそれを使用す

［図**23**］懐中時計、ザクセン、1900年頃、時針・分針用にはローマ数字が、秒針用にはアラビア数字が使われている。

る人々は各国でこの測定器に因んで計時係（*timekeepers, chronométreurs, Zeitnehmer, cronometristi*）と命名された。これ以降の大衆スポーツは、時間の規格化と数値の機械化を抜きには考えられなくなる。[197] それと同じように、日刊紙、鉄道、電報が広範囲に及ぶコミュニケーションを迅速化したことで、公共の分野も変化していった。

　一九世紀後半になると、それに類した試みが労働界、まずは工業界に達した。昔の自動機械と同じように、機織機《はたおりき》、溶鉱炉、蒸気機関は人間の無駄な労力を省いたわけではなかった。人間の生きる時間を飲み込み、それを商品化したのである。企業家が効率を上げるために出来高払制や時間給制に移行すると、イギリスの工場長は作業時間係《タイムキーパーズ》と呼ばれるようになった。作業の質と速度が一定のレベルを保つよう配慮したからである。一八八〇年代にはアメリカ人エンジニアのフレデリック・W・テイラーが、労働者を生ける機械と見なして調査する時間動作研究《タイム・スタディーズ》を開始する。そこではあらゆる作業にかかる時間をストップウォッチで測定し、労務費を算出し、労働時間と報酬の比例関係に基準を作り出した。それ以降は監督官および管理装置が *timekeepers, Zeitnehmer, Zeitrechner* と呼ばれるようになる。時間とは、万事完璧に機能することを強制し、予測外の出来事を排除するための算出された設定基準値となったのである。[198]

節約された時間が授けられた時間よりも高く評価される時、人間と人間が使う道具の違いはなくなってしまった。このように労働者をロボットにしてしまう現代のオートメーション化は、文学において黎明期の〈サイエンス・フィクション〉を刺激した。その模範的作品がハーバート・G・ウェルズ作『タイム・マシン』(一八九五年)である。主人公である科学者は技術的器械を使って一二時間の内に紀元八〇万二七〇一年に行き、そして帰って来る。その間、実験室《ワークショップ》に据えられた箱型の大時計が主人公に刻々と時間を告げる。彼にその日付を示すタイム・マシンの時計は、パスカル方式の自動計算機械である。それは確かに自然の一日の交替を基準にしているが、四枚の文字盤は一枚ごとに表示能力が三桁づつ上がる。つまり一日単位、千日単位、百万日単位、十億日単位である。人間の限られた時間の連続体から引き離された主人公は、相も変わらず社会階

［図24］タイムレコーダーの新聞広告、ベルリン、1920年頃。

層間の妬みや機械熱に悩まされ、世界の終末に向かい黄昏ゆく未来から傷つき帰って来る。物語の対象となった世界が数えられる対象の世界と一致するのならば、機械による時間の短縮や数字の蓄積では何も得られないのである。(199)

エドマンド・バークは将来を予見して、一九世紀は〈計算屋たち《カルキュレーターズ》〉の時代だと誇ったが、その時代に計算機械はまだ様々な意味で〈カルキュテーティング・マシーンズ〉と呼ばれていた。もっとも今や計算機械は職人が作る一品物ではなく、工場で製造される大量生産品であり、宣伝効果のある名前を付けられてあらゆる工業国で発売された。商業、工業、行政の分野では、知性はほとんど不要だが大量の時間とコストがかかる計算作業が激増しており、計算機はそうした作業を合理化した。たとえば、一八二〇年以降にフランス製の計算機械《アリトゥモメトル》が保険の支払金や技術デザインの計算をした。一八八五年以降、アメリカ製の高速電子計算機《カウンティング・マシーン》、商標名コンプトメーターが合計金額や商品を一覧表にするビジネス用事務機器として実力を発揮した。一八八四年以降、アメリカの統計学者ハーマン・ホレリスは時計型の計数《カウンター》機構を備えた電気統計会計《エレクトリック・タビュレーティング》システムを製作し、これは一八九〇年のアメリカ合衆国の国勢調査を簡略化した。すなわち技術者たちは、とりわけ北アメリカでは、暦算法(*Computus*)に関する言葉の場に新たな名誉をもたらしたのである。もっとも *to compute*〔計算する〕、*computation*〔計算〕、*computer*〔計算者〕などの言い回しは、まずは人間と人間が行う高等数学向けに使用された。パスカルの哲学やスウィフトの風刺文学も後代に影響を及ぼしたのだろう。[200]

一八九七年一月、イギリスのある工学雑誌がこの境界を越えた。その雑誌は、新たに発明された《円形の計算尺風に》作動する計算機械に初めてコンピューターという名を授けたのである。偶然ながら同じ一八九七年、天文学者たちが教皇レオ一三世に、復活祭の日付を固定した万年暦を導入して暦算法学を完全に廃止するよう提言した。[201] その僅か数年後、ホレリスのパンチカード・マシンも〈統計《スタティスティカル》コンピューター〉と呼ばれるようになり、彼の会社は一九一一年にコンピューティング・タビュレーティング・レコーディング・カンパニー（*Computing Tabulating Recording Company*）と改名した。これ以降、コンピューター産業は古い言葉の場に長く逗留することになる。[202]

一九二七年、産業界が進歩にかける情熱を、本来の生を忘れた月並みな状態と切り捨てたのがマルティン・ハイデガーの擬古調哲学だった。彼の哲学は、未来と死に配慮を向ける人間の現存在が根源的な時間性を有することを明らかにした。そして、計算による《時間への配慮》は、無限だと思い込まれている現在に対する内時的な干渉であると批判した。だがハイデガーは同時代人がこうした世俗的な時間概念をもっていると批判しただけではない。彼はその概念を過去の歴史全体に、アリストレテスからスカリゲルに至る時間理論にも実践的な年代計算と時間測定にも、すっぽりとかぶせたのである。ハイデガーは古代の農民が使用した時計、つまり太陽の影の長さを人間の身長や足の長さと関連させた時計について、こうした〈時計という道具〉と現代の懐中時計の時針や文字盤の相違点は、精密度と公共性が低いという点のみである、と記述した。ところが、ハイデガーが同時代の歴史家たちの著書を読んでも、数世紀に及ぶ水時計と砂時計の歴史も猶予期間を実際は具象化しなかったと書く者はいなかった。現代の社会学者のなかにも、過去数十年間にストップウォッチとタイムレコーダーが登場して初めて、それらが無価値である事実が大急ぎで隠蔽されたことをハイデガーに告げる者は一人もいなかった。[203] 人文科学が大雑把に拒否したことで、自然科学の熱狂が始めたことが完成された。つまり言葉の歴史においてコンピューターが暦算法《コンプトゥス》の命を奪ったのである。

XIII　二〇世紀におけるコンピューターと原子年代

それでは言葉の対象の方の歴史ではどうなのだろう？　一九三七年から四六年にかけて北アメリカでは、電子データ処理機械のさまざまな新型モデルが開発された。それに参与した数学者と情報科学者の中には、ホレリスの後継会社ＩＢＭ（International Business Machines）と提携する学者も少なくなかったが、彼らは一般に広まっていた計算機械を指す用語〈カルキュレイティング・マシーン〉を略して〈カルキュレイター〉と呼び、また一九四〇年以降はそれと同じ構造の用語〈コンピューティング・マシーン〉を〈コンピューター〉と略した。学者たちはそれよりも分かり易い略語の方を好み、アタナソフ＆ベリー・コンピューター（Atanasoff-Berry Computer）がＡＢＣ、電子式数値積分＆計算機（Electronic Numerical Integrator and Computer）がＥＮＩＡＣという具合だった。機械を操作する人間と、極めて複雑な計算作業を自動的に人間よりも迅速かつ正確にやり遂げる機械そのものを区別することは完全に断念された。(204) まるでパスカルやスウィフトの著作が存在しないかのように、これ以降コンピューターという語は、英語ではほぼその種の機械専用に使われるようになった。英語以外の世界中の言語も、そのほとんどが計算機械をこの英語名で呼んでいる。しかしイギリス語法を嫌うフランス人も多く、彼らは一九五五年以降、コンピューターと同じ〈計算する者〉という擬人化の形ではあるが、より適確な新語 *ordinateur* を作った。(205)

それというのも、コンピューターは時代を経るほどますますパスカルの計算機械からかけ離れていくからである。コンピューターが処理する幾つかの記号は数字として解釈されるにしても、やがてあらゆる種類のシンボルも扱うようになった。もっとも、開発者たち自身は自分の〈計算機械〉を一七世紀の自動機械ばかりでなく、一〇世紀の算盤《アバクス》とも比較した。それに同調する開発者が大勢いたのは、彼らが直線的な進歩を信奉しており、そのために原始的な前段階を捜していたからである。デジタル式コンピューター（*digitale Computer*）について語る者もまた、歴史における断絶を二つ飛び越すことになる。八世紀にベーダが指を使って数を数えることを〈指での計算（*computus vel loquela digitorum*）〉と述べ、その後の一〇世紀にオーリヤックのジェルベールが一から九までの数字を同じく〈指（*digitus*）〉と呼んだ。もっとも、後者はもはや十本の指で数えはせず、算盤に刻まれた十進法の溝に置かれた計算石をずらしていたのだが。英語の *digit*［指、〇あるいは一から九のアラビア数字等を意味する］という形で、一桁の数を表す概念が維持されてきた。ところが、今日のデジタル・データ（*digitale Daten*）とはもはや十進法の数字ではなく、二進法のコードを介して表現すべき数値に割り当てられた標準記号になっている。[206]

これと同じほど疑わしいのが、コンピューターを中世の機械時計から続く連関の中に組み入れる試みであり、これもまた最初に北アメリカで行われた。確かに両方とも人間による世界の知覚に変化を与え、そうして新しい現実性を創り出した。ところが時計とコンピューターは根本的に異なるのである。後者は、すべてを一度に処理するように見えるキャパシティのおかげで、時間を意識させるより、むしろ時間の存在感を消してしまう。コンピューターが時間を表現するシンボルは機械時計とは違って、《時計を一周して〔二四時間ぶっ通しで〕》無段階式に前進する〈アナログ〉の時針ではなく、呼び出しに応じて折り返し表示で光り輝き、順番に入れ替わる〈デジタル〉の記号なのである。もはや文字盤は丸い地球に似ておらず、文字盤の数字も十本の指に似ていない。それと同じく時間の一点は瞬間との対応を失い、時間の経過は人間の生涯との類似性を失ったのである。新しい時計が完璧であるために、ライプニッツが推測した通り地球の自転に揺れがあることが暴露されると、天体の運動、恒星時、地球日、朔望月、太陽年などとの時間の結びつきも解消された。すなわち、一九七四年からは原子の振動を使って一秒を測定し、その一秒をさらにコンピューターなら計算できる十億ナノ秒に細分化したのである。これでもまだ、人間がその社会関係に適するよう区切った時間シンボルと呼べるだろうか。われわれはもはや暦の時間ではなく、原子の時間で暮らしているのだ。[207]

歴史的に見れば、コンピューターは近代以降の二つの発展が生んだ成果としてのみ把握される。その一つは一七世紀に、もう一つは一九世紀に最盛期を迎えた。すなわち世界像の機械化、そして手工業の産業化である。[208] コンピューターが〈タイム・マシン〉となって研究者に見せる人間の未来や過去は、現代の〈サイエンス・フィクション〉が望むほど現在から遠い時代ではない。一九七三年にあるコンピューターが、過去二世紀半の新月と満月の日時を一三二秒以内ではじき出した。不具のヘルマンならば算盤で数ヶ月かけて計算したに違いなく、ライプニッツならば喜んで自作の計算機械から導き出したことだろう。われわれ現代の歴史家は、それと同程度長期に及ぶ天文学的年代学が最新式ロケットの宇宙飛行を制御していることから利益を得ている。その一方で、一九六八年に好古趣味の歴史研究家でさえも、コンピューターを使って古典古代と中世の年代計算の対照表を作成する提案、つまりスカリゲルの仕事を更新する提案を無視した。おそらく歴史的年代学は詩人にはまだ需要があっても、もはや学者は必要としないのかもしれない。[209]

無限に細分化された時間と無限に増大された数字への需要からコンピューターが生み出されたまさにあの時代こそ、数値データ処理がもっとも必要不可欠なのである。すなわち機械化と工業化の時代、同時代の計量経済学、人口学、数理社会学、そして《価格、給与、出生率の曲線》である。[210] それにもかかわらず、現代の歴史家が専門分野の論文から目をあげた時、自分たちに役立つ、あるいは役立たない機能のみを基準にしてコンピューターを評価しようとはしない。なぜならコンピューターはそうこうする間に二〇世紀後半の歴史的に重要な記号となったからであり、無意味な情報が溢れる只中で理論的な洞察力を発揮するシンボルとなったからである。

古典古代の日時計と水時計、六世紀の暦算学、八世紀の暦、一〇世紀のアストロラーベ、一四世紀の機械時計、一七世紀の計算機械。これらとコンピューターの共通点は、人間が自分の世界を理解するのを手伝う道具の有する合理性という点である。歴史上の社会はそれぞれの時代において最先端の道具を好んで様式化し、自分たちの現代を総括する概念に祭り上げるのを常としてきた。しかし、かつての道具が人間にとって世界の代用品となるシンボルの後光で飾られることは決してなかった。一九七六年にそれに気づいたのは、ヨーロッパの歴史研究家でも社会学者でもなく、アメリカのあるコンピューター専門家だった。われわれは、専門家も一般人も皆一緒になって《世界をコンピューターに作り変えた》のである。《コンピューターを模範に行われたこの二度目の天地創造》により、同時代人の全員が言語と記号、時間と数字について抱く概念は誰にも気づかれることなく変化するのだ[211]。

たとえば一九八七年にドイツのある百科事典には、コンピューターは瞬時に数百万の「データ」にアクセスすることが可能であり、発明後五〇年も経っていない現在ではすでに第五「世代」に至る、と解説してある[212]。これではまるで、つい最近まで〈データ（*Daten*）〉と〈世代（*Generation*）〉

という言葉が、それよりはるかに広い時間枠をより細かく定義していたことを知らないかのようではないか！　中世初期以来 *datum* とは、長期の下準備を終えてようやく法律文書を発行してもらえる日、苦心惨憺しながら指折り数えて待ちかねた日を意味した。ヒエロニュムスの聖書翻訳以来 *generatio* とは、人間の生涯三〇年のことであり、場合によっては祖父母、両親、子供達の三世代をまとめて見渡す百年を意味することもあった。[213] 確かにコンピューターは、人間が生涯で一日一日をかけて遺す以上のデータを蓄積する。かつてなら呻き声をあげながらまるまる一世紀かかったような奴隷仕事をあっという間に片付けてしまう。しかし、コンピューターに今まで以上の自由を保障してもらえるのは、神の有する特徴をこの計算機械に付与しない者たちだけである。神とは、道に迷い、何をしでかすかわからない人間が屈服する、完成された合理性を有する存在である。コンピューターの効果はあまりに量的、利那的であり、世界、人間、時間の尺度にはなれないのだ。

自然科学の先駆的な思想家たちはこうしたことをとっくの昔に承知していて、時間の多彩な区分法をすべて実験室の諸要件やコンピューターの諸能力に適合させようとする、息切れし易い無差別均一化作業に対して警告する。ウィーンの情報処理学者ハインツ・ツェマネクは一九六一年に画期的なコンピューターを設計し、一九七八年以降は年代計算の未来と過去に没頭してきた。ツェマネクは、新たな協定世界時の導入によりやがて世界中のコンピューターをシンクロさせることができるとして、ナノ秒単位のリズムに大きな期待をかける。そして研究と技術がナノ秒より小さな時間単位に進歩することを期待している。だがその一方では、神がこれ以上の暦法改革を許さないように望んでもいる（オーストリアの情報科学者たちは〈カレンダー一九八四〉でフランス革命暦の近代的な復活を計画したのである）。なぜなら暦法改革がもたらすであろう利点はほんの僅かしかなく、それもコンピューター時代には別の方法で達成できるからだ。主たる問題点は、暦法改革がいきとし生けるものの柔軟な秩序を殺し、とりわけ古い暦算学が慎重に守ってきた昼と夜、太陽と月の基本サイクルを混乱させることにある。《明日や明後日の時間がどのように見えるにせよ、時間には秩序が必要とされるだろう——それは精密度への要求を満たすと同時に、過去との最高の結びつきを保証する秩序である》[214]。

精確であると同時に階層化した時間秩序を共同で創り出すことが、今でも物理学者や歴史学者の手に負えるのかと疑う向きもあるだろう。アメリカの哲学者ジュリアス・T・フレイザーは三〇年かけて時間のあらゆる局面に関する特別研究を行った結果、一九八七年に歴史的バランスシートを提示した。それは進歩派の希望を曇らせ、慎重派の不安をますます正当化するものだった。それによれば、ここ三〇年間に原子爆弾とコンピューターが現在の地球規模でのネットワーク化の端緒を開き、それは集団規模および個人規模での同時性の密度を強制的にますます高めるとともに、過去の時間秩序が有する多様性をますます抹殺し、労働日と休日、若者と老人、生物的・

精神的成長と社会的成長の間にある様々な距離をますます縮めていく。人類は人間性の活動余地を失い、蟻塚と化す過程を歩んでいるのである、と。(215)

フレイザーが夢想だにしなかったような形で時間と数字を結びつける馬鹿げた事件が最近起こり、これが彼の主張の正しさを示すことになった。いわゆる二〇〇〇年問題をめぐる世界規模の大騒ぎである。二千年以上の昔、自分の束の間の生涯が世界を揺るがすほど重要だと考えるあるユダヤ人に対して、このような忠告がなされた。《過去の世代に尋ねるがよい。父祖の究めたところを確かめてみるがよい。わたしたちはほんの昨日からの存在で何も分かってはいないのだから。地上での日々は影にすぎない》(「ヨブ記」八章八―九節)。その後、皇帝たちの百年祭や教皇たちの聖年をきっかけに、やはり同じ考えに至る人々が少なくとも数名はいた。現代のラウドスピーカーやそれに耳を傾ける人々には、自分たちの暦に目を向けてそうした人間的な言葉を思いつく者はもはや一人もいない。

コンピューターの設計者たちはほんの昨日からの存在で、つい数年前の地上での日々が影のように消え去ることを知らなかったのだから、彼らの設計した機械がまずは九九から〇〇への跳躍を一九九九年から一九〇〇年への後退と把握したのかもしれない。ネットワーク化されたコンピューター世界が迎えるこうした破局が人類全体に害をなすと考え、自分たちの黙示録的な気分が裏付けを得られたと見なす人々もいた。その一方で、コンピューターの跳躍を秒単位の精確さで共に体験したいと願う人々は、その跳躍が新たな千年紀の創造だと理解した。後者は、あと数年もすればこの世を去るだろうというのに、この千年紀が自分たちの時代だと考えていたのだ。(216) その間も時計とコンピューターは相も変わらず時を刻み続ける。当時の大騒ぎを思い出させるのは、喜ばしいニュースは世紀の大成功、悲しいニュースは世紀の大破局と囃し立て、唖然とする同時代人たちに無限の陶酔を味わわせる大勢のオピニオンメイカーたちの習慣のみである。もっとも彼らの後に、同じくほんの昨日から明日までの存在にすぎないが、しかしそれを自覚している者たちが登場するという希望は残されている。

XIV 計算可能な時間と分配された時間

人間と自然の結びつき、自然と社会の結びつきばかりでなく、人間の自分自身との関係、人間同士の関係についてもあらかじめ配慮すれば、より優れた展望が開かれ、そしてまたより高邁な課題が現れてくる。筆者は人文学者として、コンピューターは計算ができるのみで責任能力はないことを覚えておかねばならない。言葉遊びの背後には事実関係が隠されている。すなわち人間に分配され《ツーゲメッセン》、責任を負わされた《ツーゲレヒネット》時間が影響を及ぼし始めるや否や、測定《メッセン》や計算《レヒネン》という活動には、数字を扱う行為以上のものが含まれることになる。そうなると事前に基準を定め、途中では約束を守り距離を保ち、事後には釈明をせねばならない。本書が示そうとしたように、時間と数字に関する人間の歴史は、プラトンやアリストテレスの時代から決して瞬間や量ばかりではなく、持続や質をも中心に回ってきた。生ける者は、自分が生きる瞬間を超越するか、瞬間に迎合するか、

[図25]〈時間の喪失について〉、ペトラルカの画匠の木版画、アウクスブルク、1520年。この挿絵が添えられた文章（フランチェスコ・ペトラルカ『幸運と不運の治療法について』Ⅱ巻15）では人生の短さについて語られるのみで、時計には言及していない。机上の砂時計は砂が流れ落ちているらしい。二つの機械式時計（右側の塔時計と左側の壁時計）の時針は12時を指している。時間が尽きたことは、獣帯記号の魚（一年の最後）からも分かる。壁時計の右側に掛かっている物体については不明である。（水時計の浮きだろうか？）

瞬間に消え去るかという古い問いかけに繰り返し直面してきた。それに対してどの時代でも、時間の相矛盾するさまざまな局面と取り組む、相対立する回答が多数出されてきたのだ。

これらの回答のなかでどの回答が歴史に残るかは、最終的には時代の環境や方策には左右されず、時代が過去志向か未来志向かも無関係であり、時代が現在を支配するのに使うシンボルすら関係しない。そうではなく、それぞれの時代に責任ある人々が基準を設定し、その基準について釈明する際に示す誠実で思慮深い態度、しかも予想外の事態にも責任を取れる態度が左右するのである。カッシオドルス、ベーダ、不具のヘルマン、ロジャー・ベーコン、ニコラウス・クザーヌス、モンテーニュは暦算法《コンプトゥス》という語によって、この基本体験を共有していることを公言したのである。

この基本体験は過去四百年間に一部が別の体験によって上塗りされ、その体験は暦算法からコンピューターへの移行に反映され、また時代の転換を示すものでもある。近代の新しい点は、歴史的出来事が一回性であることや諸構造が変化するということにはない。すでにそれ以前からどの世代も、自分の生きている時代に我が身に降りかかった出来事、自分たちに期待された事柄が前代未聞の新しい出来事であると受け取っており、それはそれで正当なことだった。近代に増大したのは、あらゆる歴史的変化が人間の理解能力をはるかに越えて加速化したこと〈のみ〉である。歴史的変化はもはや世代間や地域間で段階的に起こるのではなく、ほんの数年内に世界各地で起こる。変化が招く突き刺すような空気の流れは、今では書斎の学者ばかりか路上の一般人も感じている。こうした変革のほとんどは人間の寿命を著しく伸ばし豊かにした。人類の存続そのものを確実にするには、将来にわたり永続的に様々な革新を行うことが欠かせない[217]。

しかしながら、そのために同時性の有する非同時性も計り知れないほどに高まってきた。現代の年代計算と時間測定が急激に規格化される一方で、それに劣らぬ急速さで現代の時間概念と時間利用が細分化されたのである。ここでは失われた時間を捜しているかと思えば、あちらでは溜め込んだ時間で暇潰しをしている。来るべき時間に趣味を楽しもうと期待する者もいれば、一番不可欠なものが手に入らない予測に嘆く者もいる有様だ。コンピューターでは新たに生じたこの複雑な問題を克服できないと思う者の目には、主たる思想家たちの古い体験がこの複雑さを復活させ激化させたように思える。しかし今では、あらゆる人間が自分の生きる時代をインゲボルク・バッハマンが一九五三年に詩に書いたように知覚するべく挑まれているのである。

霧の中を眼《まなこ》でさぐれば
取り消しまで猶予されていた時間が
地平線に見えてくる(218)

原注

（1）Norbert Elias, Über die Zeit. Arbeiten zur Wissenssoziologie II, hg. von Michael Schröter (1984) S.178-188〔暦〕, S.81f.〔時代感覚〕〔エリアス『時間について』青木誠之他訳、法政大学出版局、一九九六年〕. ヴェンドルフは時間概念についてさらに微妙な差異を設けながらも、中世の暦への評価は似ている。Rudolf Wendorff, Zeit und Kultur. Geschichte des Zeitbewußtseins in Europa (1980) S.92-150.

（2）Günther Dux, Die Zeit in der Geschichte. Ihre Entwicklungslogik vom Mythos zur Weltzeit (1989) S.312-348〔アウグスト・ニチュケ氏の示唆による〕. もっとも重要な先駆者はル・ゴフである。Jacques Le Goff, Die Stadt als Kulturträger 1200-1500, in: Europäische Wirtschaftsgeschichte, hg. von Carlo M. Cipolla, 1 (1978) S.45-66, hier S.55f. しかしル・ゴフは修道士と都市住民を真っ向から対立させてはいない。この点については同氏による以下の序文を参照されたい。Der Mensch des Mittelalters, hg. von dems. (1989) S.7-45〔ル・ゴフ編『中世の人間』鎌田博夫訳、法政大学出版局、一九九九年〕.

（3）Thomas Nipperdey, Die Aktualität des Mittelalters. Über die historischen Grundlagen der Modernität, jetzt in: Ders., Nachdenken über die deutsche Geschichte ([2]1986) S.21-30, hier S.25f.〔引用箇所〕〔ニッパーダイ『ドイツ史を考える』坂井榮八郎訳、山川出版社、二〇〇八年〕. シューリンの研究は重点は異なるものの、類似の局面を扱

っている。Ernst Schulin, Die historische Zeit - Dauer und Wandel, in: Funk-Kolleg Geschichte, hg. von Werner Conze u.a., 1 (1981) S.265-287, hier S.269f., 276f.

（4） Hermann Grotefend, Taschenbuch der Zeitrechnung des deutschen Mittelalters und der Neuzeit ([11]1971) S.1-24［日付についての要旨］. 同分野については以下を参照。Josef. J. Duggan, The Experience of Time as a Fundamental Element of the Stock of Knowledge in Medieval Society, in: La littérature historiographique des origines à 1500, hg. von Hans Ulrich Gumbrecht u.a., 1 (Grundriß der romanischen Literature des Mittelalters 11/1, 1986) S.127-134. 研究史に関してもっとも慎重な研究が Eugen Meyer u.a., Chronologie, in: Die Religion in Geschichte und Gegenwart 1 ([3]1957) Sp.1806-1818である。概略的な研究が Alfred Cordoliani, Comput, chronologie, calendriers, in: L'histoire et ses méthodes, hg. von Charles Samaran (1961) S.37-51である。

（5） David S. Landes, Revolution in Time. Clocks and the Making of the Modern World (1983) S.6f., 58-66. トーマス・ニッパーダイ氏の示唆による。端緒はすでに Wilhelm Flitner, Die Geschichte der abendländischen Lebensformen (1967) S.111f., 197f., 324-327 に見られる。

（6） 綴りに関しては一四八〇年頃のオランダ語辞書に、言語的にも正しい本来の形は *computus* だが、語の響きを優先して *compotus* に変化させねばならない、と記されている。Lexicon latinitatis nederlandicae medii aevi, hg. von Johann W. Fuchs u.a., 2 (1981) Sp.755. 九世紀、および一三世紀になっても *compotus* は古典的規則に従って第一音節にアクセントがおかれた。それを示すのが、カロリング朝時代の六歩格の詩の冒頭 *Compotus hic*（注76）と古フランス語 *contes*（注145）である。中世英語 *compute*（注171）を見ると、少なくとも一五世紀には第二音節が長音となりアクセントがおかれていたことが分かる。

（7） Herbert Grundmann, Naturwisschenschaft und Medizin in mittelalterlichen Schulen und Universitäten, jetzt in: Ders., Ausgewählte Aufsätze 3 (Schriften der Monumenta Germaniae Historica［以下 MGH と略す］), 25/3, 1978)

S. 343-367, hier S. 353〔引用箇所〕. ブルンナーは暦算学を知らないために研究の価値を損ねている。Karl Brunner, Die Zeit des Menschen. Überlegungen zur Geschichte des Zeitbegriffs, in: Das Phänomen Zeit, hg. von Manfred Horvat (1984) S. 19-25; Hans-Werner Goetz, Leben im Mittelalter vom 7. bis zum 13. Jahrhundert (1986) S. 24f., 105f〔ゲッツ『中世の日常生活』轡田収他訳、中央公論社、一九八九年〕.

(8) Herman H. Goldstine, The Computer from Pascal to von Neumann (1972) S. 123, 150〔初期のコンピューター試作機の起源および命名について〕〔ゴールドスタイン『計算機の歴史』末包良太他訳、共立出版、一九七九年〕. Josef Weizenbaum, Die Macht der Computer und die Ohnmacht der Vernunft (^{6}1985) S. 242-267〔言語とコンピューターについて〕. 両者ともコンピューターという言葉の歴史を見過ごしている。その点はEncyclopedia of Computer Science and Technology, hg. von Allen Kent u.a., 1-18 (1975-87) も同じである。コンピューターに関する卓越した知識と暦算学への徹底した理解を一体化した唯一の特殊研究でさえその点は変わらない。Heinz Zemanek, Kalender und Chronologie. Bekanntes und Unbekanntes aus der Kalenderwissenschaft (^{4}1987) S. 35-60.

(9) 以下の記述はDas mittelalterliche Zahlenkampfspiel (Supplemente zu den Sitzungsberichten der Heidelberger Akademie der Wissenschaften Phil.-hist. Kl., 5, 1986) S. 245f. における筆者の質問を特殊化したものであり、筆者の編集による時間の解釈、定義、利用法に関するカロリング朝時代の文書集を準備するものである。

(10) Edmund R. Leach, Zwei Aufsätze über die symbolische Darstellung der Zeit, in: Kulturanthropologie, hg. von Wilhelm E. Mühlmann - Ernst W. Müller (1966) S. 392-408, hier S. 394f. アルカイック期社会の時間理解に関する基本的な研究はMartin P. Nilsson, Primitive Time-Reckoning. A Study in the Origins and First Development of the Art of Counting Time among the Primitive and Early Culture People (1920) S. 11-225を参照。Dux (注2) S. 103-257は資料が豊富である。

(11) Herodoti Historiae, hg. von Karl Hude, 2 Bde, (^{3}1927), unpaginiert, hier VIII, 51, 1〔カリアデス〕; II, 109, 3〔日

時計」; II, 4, 1［1年の区切り］; II, 82, 1［1ヶ月と1日］. 以下も参照。 Hermann Strasburger, Herodots Zeitrechnung, in: Herodot. Eine Auswahl aus der neueren Forschung, hg. von Walter Marg (Wege der Forschung 26, ^{3}1982) S.688-736, hier S.693［老人のお喋り］; Christian Meier, Die Entstehung der Historie, in: Geschichte - Ereignis und Erzählung, hg. von Reinhart Koselleck - Wolf-Dieter Stempel (Poetik und Hermeneutik 5, 1973) S.251-3-5, hier S.289［ゼロからゼロへ］; Dux（注2）S.273-285.

（12） Platon, Timaios, c.3, in: Opera, hg. von James Burnet, 4 (1902) S.21e-24d［ソロン］; c.10 S.37c-e［時間の創造］; c.11 S.39b-e［惑星の公転と時間を表わす数字］; c.14 S.42d［時間の道具］; c.16 S.47a-b［記号と哲学］. 以下も参照。 Hans-Georg Gadamer, Idee und Wirklichkeit in Platos Timaios (Sitzungsberichte der Heidelberger Akademie der Wissenschaften Phil.-hist. Kl. Jg. 1974/2, 1974) S.14-16; Gernot Böhme, Zeit und Zahl. Studien zur Zeittheorie bei Platon, Aristoteles, Leibniz und Kant (1974) S.68-158. ベーメは後代への影響にも触れている。

（13） Platon, ebd. c.24 S.59c-d［娯楽］; Politeia VII, 10 S.537d［認識］. 以下も参照。 Bartel L. van der Waerden, Die Astronomie der Griechen. Eine Einführung (1988), S.34-39, 44-62. Dux（注2）はプラトンを除外している。

（14） Aristoteles, Peri hermeneias c.9, in: Opera, hg. von Immanuel Bekker - Olof Gigon, 1 (1960) S.18a-19b. ヴァインリヒはこれに懐疑的である。 Harald Weinrich, Tempus, Besprochene und erzählte Welt (^{4}1985) S55f., 288-293. しかし時間理解の出発点が時制であることは否定できない。

（15） Aristoteles, Politik III, 15, Bd.2 (1960) S.1286b; IV, 13 S. 129［国制］. Metaphysik V, 11 S.1018b［トロイア戦争について］. Physikprobleme XVII, 3 S.916a［トロイアの人々］. Poetik c.9 S.1451b［ヘロドトス］; c, 23 S.1459a［ホメロス］. 以下も参照。 Christian Meier, Enstehung des Begriffs Demokratie. Vier Prolegomena zu einer historischen Theorie (^{4}1981) S.52-67; Dux（注2）S.230f.

（16） Aristoteles, Physik IV, 11, Bd.1 S.219b. 以下も参照。 Wolfgang Wieland, Die aristotelische Physik. Untersuchungen über die Grundlegung der Naturwissenschaft und die sprachlichen Bedingungen der Prinzipienforschung bei Aristoteles (1962) S.316-329; Peter Janich, Die Protophysik der Zeit. Konstruktive Begründung und Geschichte der Zeitmessnung (1980) S.246-259. 以下の研究は対象を限定しすぎている。Paul F. Conen, Die Zeittheorie der Aristoteles (1964) S.30-61.

（17） Aristoteles, Kategorien c.6, Bd.1 S.5a［時間と数字］. Nikomachische Ethik II, 1, Bd.2 S.1103a［建築家］; 1. 7 S.1098a［発明家］. Landes（注5）は時間の数量化の起源がアリストテレスにあり、古典古代に始まっていたことを見落としている。

（18） Aristoteles, Metaphysik X, 1, Bd.2 S.1053e［天体の運動］; Physikprobleme XV, 5-10 S.911a-912b［影］. アリストテレスが後代に及ぼした影響に関する最良の研究は Alexandre Koyré, Galilei. Die Anfänge der neuzeitlichen Wissenschaft (1988) S.13-28 である。.

（19） Otto Neugebauer, A History of Ancient Mathematical Astronomy, 3 Bde. (1975), hier Bd.3 S.1061-1076［歴史的年代学の天文学的基礎］; Bd.1 S.353-366［バビロニア暦］, Bd.2 S.559-568［エジプトの太陽年および朔望月周期］. ユダヤ太陰暦については以下を参照。Eduard Mahler, Handbuch der jüdischen Chronologie (1916) S.17-59; Ludwig Basnizki, Der jüdische Kalender. Entstehung und Aufbau (1986) S.9-32.

（20） Waerden（注13）S.76-92［ギリシアの天文学暦に関する要旨］. ギリシア人の時計については Hermann Diels, Antike Technik (^{3}1924) S.155-228を参照。水時計に関する補足は Aage G. Drachmann, The Mechanical Technology of Greek and Roman Antiquity (1963) S.192f. を参照。日時計に関しては Edmund Buchner, Antike Reiseuhren, Chiron 1 (1971) S.457-482を参照。アストロラーベの前史については Waerden（注13）S.101-104. 同書と異なる記述は Borst, Astrolab und Klosterreform an der Jahrtausendwende (Sitzungsberichte der Heidelberger Akademie der Wissenschaften Phil.-hist. Kl. Jg. 1989/1, 1989) S.13-19を参照。

（21） Karl Löwith, Weltgeschichte und Heilsgeschehen. Die theologischen Voraussetzungen der Geschichtsphilosophie (^{5}1967) S. 26〔レーヴィット『世界史と救済史』信太正三他訳、創文社、一九六四年〕; Theodor Schieder, Geschichte als Wissenschaft. Eine Einführung (^{2}1968) S. 81f. 上記の二人は循環的時間と直線的時間の対立を主張している。それに対する正当な反論は以下を参照。 Arnaldo Momigliano, Zeit in der antiken Geschichtsschreibung, in: Ders., Wege in die Alte Welt (1991) S. 36-58; Friedrich Vittinghoff, Spätantike und Frühchristentum. Christliche und nichtchristliche Anschauungsmodelle, in: Mensch und Weltgeschichte. Zur Geschichte der Universalgeschichtsschreibung, hg. von Alexander Randa (1969) S. 17-40.

（22） Eviatar Zerubavel, The Seven Day Circle. The History and Meaning of the Week (1985) S. 5-26〔起源に関して〕. 中世が後代に及ぼした影響については Georg Schreiber, Die Wochentage im Erlebnis der Ostkirche und des christlichen Abendlandes (1959) S. 20-43 を参照。 概観については Rudolf Wendorff, Tag und Woche, Monat und Jahr. Eine Kulturgeschichte des Kalenders (1993).

（23） Elias J. Bickerman, Chronology of the Ancient World (^{2}1980) S. 43-51〔ローマの年代学一般に関して〕. 古代ローマの年代学については Agnes K. Michels, The Calendar of the Roman Republic (1967) を参照。 カエサルの改革については Wilhelm Kubitschek, Grundriß der antiken Zeitrechnung (1928) S. 99-109; Christian Meier, Caesar (1982) S. 528を参照。 Dux（注2）は世界時間へのこの最初の糸口を見落としている。ウィトルウィウスの時計については、『建築書』第九巻への注釈がもっとも優れている。 Vitruve De l'architecture livre IX, hg. von Jean Soubiran (1960) S. 214-308.

（24） Edmund Buchner, Die Sonnenuhr des Augustus (1982) S. 7-80〔カンプス・マルティウスのオベリスクについて〕. ヴァチカンのオベリスクについては Géza Alföldy, Der Obelisk auf dem Petersplatz in Rom (Sitzungsberichte der Heidelberger Akademie der Wissenschaften Phil.-hist. Kl. Jg. 1990/2, 1990) S. 55-67を参照。 後代の再解釈につい

ては注113を参照。アウグストゥス帝の時間思想については Hubert Cancik, Die Rechtfertigung Gottes durch den ›Fortschritt der Zeiten‹, in: Die Zeit. Dauer und Augenblick, hg. von Armin Mohler u.a. (^{2}1989) S. 257-288, hier S. 265-281 を参照。帝政期ローマの時間理解とその影響については Borst, Das Buch der Naturgeschichte. Plinius und seine Leser im Zeitalter des Pergaments (Abhandlungen der Heidelberger Akademie der Wissenschaften, Jg. 1994/2, ^{2}1995).

（25） 初期キリスト教時代のもっとも強烈な概観を提供するのは Charles W. Jones, Development of the Latin Ecclesiastical Calendar, in: Bedae Operae de temporibus, hg. von dems. (The Medieval Academy of America Publication 41, 1943) S. 1-122, hier S. 6-68 である。特に三二五年の決議については同書一七―二五頁を参照。August Strobel, Ursprung und Geschichte des frühchristlichen Osterkalenders (1977) S. 122-394. ニカイア公会議については同書三八九―三九二頁を参照。ウェスリー・M・スティーヴンスは二〇〇年から一五八二年までの年代計算に関する総文献目録（全二巻）を準備している。

（26） Plautus, Miles gloriosus v. 204, in: Comoediae, hg. von Friedrich Leo, 2 (^{2}1958) S. 15 ›*dextera digitis rationem cumputat*‹. *computare, computatio, computus* の古典語における意味の場については Bertold Maurenbrecher, in: Thesaurus linguae Latinae 3 (1912) Sp. 2175-2186 を参照。数学用語については Johannes Tropfke, Geschichte der Elementarmathematik 1 (^{4}1980) S. 34, 122, 168 を参照。計算練習については Anita Rieche, Computatio Romana. Fingerzählen auf provinzialrömischen Reliefs, Bonner Jahrbücher 186 (1986) S. 165-192 を参照（ウーテ・シリンガー氏の示唆による）。

（27） Irenäus von Lyon, Adversus haereses I, 15, 2, hg. von Adelin Rousseau - Louis Doutreleau, 1/2 (Sources chrétiennes 264, 1979) S. 236-238. イレナエウスはイエスの名前に使用されるギリシア文字の数値を合計し、その総数を *arithmos* と呼んだ。これはラテン語訳では *computus* となっている。この翻訳が作成されたのが三世紀か、五

世紀になってからかは議論の余地がある。Pseudo-Cyprian von Karthago, De pascha computus, Corpus scriptorum ecclesiasticorum Latinorum 3 (1871). 同書の二四八—二七一頁には二四三年とあるが、文脈ではどこにも *computus* の語が用いられておらず、あるのは *computare* (c.4 S.251 und öfter) のみである。この版のタイトルが決まったのは、九世紀のランス写本が初めてである。

（28）Iulius Frimicus Maternus, Mathesis I, 4, 5, hg. von Wilhelm Kroll - Franz Skutsch (1968) S.12. 刷新について的を射ているのは Charles Ducange - Léopold Favre, Glossarium mediae et infimae latinitatis 2 (1883) S.473である。

（29）Hieronymus, Chronicon a. Abr. 985, Die griechischen christlichen Schriftsteller 24 (1913) Bl. 70; auch a. 361 Bl. 36. 以下を参照。Anna-Dorothee von den Brincken, Studien zur lateinischen Weltchronistik bis in das Zeitalter Ottos von Freising (1957) S.60-67. 紀元前三七六一年一〇月七日を紀元とするユダヤ教の世界年代は、遅くとも四世紀には構想されていたが、受け入れられたのは一二世紀になってからである。これについてはMahler（注19）S.153-159, 455-479を参照（アレクサンダー・パチョフスキー氏の示唆による）。

（30）Augustin, Confessiones IV, 16, 28f., Corpus Christianorum Series Latina 27 (1981) S.54［カテゴリー］; XI, 18, 23 S.205［イメージ］. これについてJanich（注16）S.259-271は対象を限定しすぎており、方法こそ違うがDux（注2）S.322-327もその点は同じである。筆者はErnst A. Schmidt, Zeit und Geschichte bei Augustin (Sitzungsberichte der Heidelberger Akademie der Wissenschaften Phil.-hist. Kl. Jg. 1985/3, 1985) S.17-32に従う。

（31）Augustin, ebd. XI, 20, 26 S.206f.［三つのもの］; XI, 28, 38 S.214［歌手］; XI, 23, 29 S.208f.［天体］; XI, 24, 31 S.210［運動］.

（32）Augustin, Contra Felicem I, 10 Corpus scriptorum ecclesiasticorum Latinorum 25/2 (1892) S.812.

（33）Augustin, De citate Dei XI, 30, Corpus Christianorum Series Latina 48 (1955) S.305f.［六の数］. 引用は以下より。Sap.11, 21; XVIII, 52f. S.650-652［キリスト教徒迫害］; XXII, 30 S.865f.［七の数］. 以下も参照。Reinhart

Koselleck, Vergangene Zukunft. Zur Semantik gechichtlicher Zeiten (1979) S. 138-140, 234-238; Schmidt（注30）S. 96-109.

（34） Augustin, Epistula 199, 34, Corpus scriptorum ecclesiasticorum Latinorum 57 (1911) S. 273f.

（35） Boethius, De institutione arithmetica I, 2, hg. von Gottfried Friedlein (1867) S. 12［雛形］; I, 1, S. 8f.［算術と天文学］. この問題および後世への影響については以下を参照。Detlef Illmer, Arithmetik in der gelehrten Arbeitsweise des frühen Mittelalters. Eine Studie zum Grundsazt ›Nisi enim nomen scieris, cognitio rerum perit‹, in: Institutionen, Kultur und Gesellschaft im Mittelalter. Festschrift für Josef Fleckenstein (1984) S. 35-58; Menso Folkerts, The Importance of the Latin Middle Ages for the Development of Mathematics, jetzt in: Ders., Essays on Early Medieval Mathematics. The Latin Tradition (Collected Studies Series 752, 2003) S. 1-24.

（36） Boethius, De institutione musica I, 2, hg. von Gottfried Friedlein (1867) S. 187f.［天球層の調和と季節］; II, 8 S. 234 und II, 29 S. 263 ›*computare*‹. この問題および後世への影響については Michael Bernhard, Überlieferung und Fortleben der antiken lateinischen Musiktheorie im Mittelalter, in: Geschichte der Musiktheorie 3, hg. von Frieder Zaminer (1990) S. 7-35, hier S. 24-31を参照。

（37） Epistula Theophili c. 2, hg. von Bruno Krusch, Studien zur christlich-mittelalterlichen Chronologie. Der 84 jährigen Ostercyclus und seine Quellen (1880) S. 221. ディオニュシウス本人が翻訳した書簡集 (Epistula Proterii c. 6-7, ebd. 275) では、すでに「主の復活祭」と「復活祭の計算」を区別している。

（38） Dionysius Exiguus, Libellus de cyclo magno paschae, hg. von Bruno Krusch, Studien zur christlich-mittelalterlichen Chronologie. Die Entstehung unserer Zeitrechnung (Abhandlungen der Preußischen Akademie der Wissenschaften Phil.-hist. Kl., Jg. 1937/8, 1938) S. 63f. 以下も参照。Jones（注25）S. 68-75. 別方向から考察するのが、Walter E. van Wijk, Origine et développement de la computistique médiévale (1954) S. 15f. である。

（39） Benedicti Regula c.16-18, Corpus scriptorum ecclesiasticorum Latinorum 75 (^{2}1977) S.70-81〔祈禱の時刻と聖歌の順序〕; c.8 S.58〔起床〕; c.41 S.112-114〔食事時間〕; c.48 S.125-128〔作業時間と休息時間〕, hier S.126f.〔《復活祭から……》〕, S.125〔怠惰〕; Prolog S.7〔猶予期間〕. 以下も参照。Gustav Bilfinger, Die mittelalterlichen Horen und die modernen Stunden. Ein Beitrag zur Kulturgeschichte (1892) S.1-7, 109-125; Stephen C. McCluskey, Gregory of Tours, Monastic Timekeeping, and Early Christian Attitudes to Astronomy, Isis 81 (1990) S.9-22, hier S.9f., 19f. ベネディクトゥスの労働倫理に対する一般的解釈が誤っていると異議を唱えるのが Friedrich Prinz, Askese und Kultur. Vor- und frühbenediktinisches Mönchtum an der Wiege Europas (1980) S.68-74; Dux（注2）S.320-322.

（40） Cassiodorus Senator, Institutiones II. 4. 7, hg. von Roger A. B. Mynos (^{2}1961) S.141〔算術〕; II, 7, 3-4 S.156〔天文学〕. 以下も参照。Heinz Löwe, Cassidor, jetzt in: Ders., von Cassiodor zu Dante. Ausgewählte Aufsätze zur Geschichtsschreibung und politischen Ideenwelt des Mittelalters (1973) S.11-32, hier S.22-28. Alexander Murray, Reason and Society in the Middle Ages (1978) S.145, 154. 同氏は算術と暦算法に対するカッシオドルスの功績を過小評価している。

（41） Cassiodorus Senator, ebd. I, 30, 5 S.77f.〔修道士たち宛てに〕. ボエティウス宛ては Variae I, 45 MGH Auctores antiquissimi 12 (1894) S.39-41. *horologium* の多義性については Landes（注5）S.53, 68を参照。しかしランデスはマクランスキー（注39）同様にカッシオドルスの発言を、そして中世初期の時間計測から年代計算へ方向転換したことそのものを見落としている。

（42） Computus paschalis, hg. von Paul Lehmann, Cassiodorstudien, jetzt in: Ders., Erforschung des Mittelalters. Ausgewählte Abhandlungen und Aufsätze 2 (1959) S.38-108, hier S.52-55. 最初期の暦算法関係文書リストは Éloi Dekkers - Émile Gaar, Clavis patrum Latinorum (^{3}1955) S.725-738 に記載されている。

（43） Gregor I., Homiliae in Hiezechielem II, 1, 5, 12, Corpus Christianorum Series Latina 142 (1971) S.285. 以下も参

照。Heinz Meyer, Die Zahlenallegorese im Mittelalter. Methode und Gebrauch (1975) S. 32-34. 復活祭については以下を参照。Franz Carl Endres - Annemarie Schimmel, Das Mysterium der Zahl. Zahlensymbolik im Kulturvergleich (1984) S. 33-35.

（44） Gregor I., Homiliae in Evangelia I, 19, 1-2, hg. von Jacques-Paul Migne, Patrologia latina 76 (1851) S. 1154f. [「マタイによる福音書」二〇章一―一六節について]. 以下も参照。Roderich Schmidt, Aetates mundi. Die Weltalter als Gliederungsprinzip der Geschichte, Zeitschrift für Kirchengeschichte 67 (1956) S. 288-317, hier S. 302f.

（45） Gregor von Tours, Libri historiarum IV, 17, MGH Scriptores rerum Merovingicarum 1/1 (1951) S. 215 und X, 23 S. 514f. [復活祭への疑惑と奇跡]; IV, 46 S. 181 [奴隷]; IV, 51 S. 189f, und X, 31 S. 536f. [年数の計算]; I, Praefatio S. 5 ›*conpotare*‹. 復活祭の奇跡については Charles W. Jones, A Legend of St Pachomius, Speculum 18 (1943) S. 198-210, hier S. 207を参照。グレゴリウスが奇跡を信じたことついては Aaron J. Gurjewitsch, Mittelalterliche Volkskultur. Probleme zur Forschung (1986) S. 32-36, 39-42 を参照。算術の凋落については Murray（注40）S. 144を参照。

（46） Gregor von Tours, De cursu stellarum ratio, MGH Scriptores rerum Merovingicarum 1/2 (²1969) S. 407-422. hier c. 16 S. 413 [引用箇所]. 以下も参照。Werner Bergmann - Wohfhard Schlosser, Gregor von Tours und der ›rote Sirius‹. Untersuchungen zu den astronomischen Angaben in ›De cursu stellarum‹, Francia 15 (1987) S. 43-47. 細部が異なる研究が McCluskey（注39）S. 10-19.

（47） Isidor von Sevilla. Etymologiae III, 4, 3-4, hg. von Wallace M. Lindsay, 1 (1911, unpaginiert) [暦算法]. これに先行する文章 (III, 4, 1-2) でアウグスティヌスの思想（注33）をまとめている。XX, 13, 5, Bd. 2 (1911) ›*horologia*‹. 以下も参照。Borst, Das Bild der Geschichte in der Enzyklopädie Isidors von Sevilla, Deutsches Archiv für Erforschung des Mittelalters [以下 Deutsches Archiv と略す] 22 (1966) S. 1-62, hier S. 13-15. Landes（注5）S. 64 はイ

シドルスの時間観念を不当にも未熟として片づけている。

（48） Isidor, ebd. III, 5, 10, Bd. I［加算］; XVI, 25, 19, Bd. 2［乗算］; I, 3, 1, Bd. 1 und X, 43 ›*calculator*‹, V, 29, 1-36, 3［瞬間から大年まで］; V, 38, 3-5 und V, 39, 1［日付の順序と六という数］; VI, 17, 15-18［復活祭の計算］; V, 35, 1 ›*tempora*‹. *temperamentum* からの派生に関する後代の証言については以下を参照。Jean Leclercq, Experience and Interpretation of Time in the Early Middle Ages, Studies in Medieval Culture 5 (1975) S. 9-19, hier S. 16.

（49） De ratione conputandi c. 3, hg. von Maura Walsh - Dáibhí Ó Cróinín, Cummian's Letter De controversia paschali (1988) S. 117f. Dáibhí Ó Cróinín, A Seventh-Century Irish Computus from the Circle of Cummianus (Proceedings of the Royal Irish Academy 82/C/11, 1982) S. 405-430, hier S. 411. ミヒャエル・リヒター氏の示唆による。この発見は Knut Schäferdiek, Der irische Osterzyklus des sechsten und siebten Jahrhunderts, Deutsches Archiv 39 (1983) S. 357-383 のアイルランドの暦算法を論ずる箇所ではまだ考慮されていない。

（50） Pseudo-Fredegar, Chronicon I, 24, MGH Scriptores rerum Merovingicarum 2 (1988) S. 34 und III, 73 S. 112f. ›*supputatio*‹; II, 7 S. 47［サムソン］. 作品については Andreas Kusternig, Einleitung, Freiherr vom Stein-Gedächtnis-ausgabe 4a (1982) S. 1-33 を参照。

（51） MGH Scriptores rerum Merovingicarum 7 (1920) S. 499.

（52） Der merovingische Computus Paschalis von Jahre 727 n. Chr., hg. von Krusch（注38）S. 53-57. 以下も参照。Afred Cordoliali, Les plus anciens manuscrits de comput ecclésiastique de la bibliothèque de Berne, Zeitschrift für schweizerische Kirchengeschichte 51 (1957) S. 101-112, hier S. 102-104. 六千年間の世界年代については以下を参照。Carsten Colpe, Die Zeit in drei asiatischen Hochkulturen, in; Die Zeit（注24）S. 225-256, hier S. 245f.

（53） Schriften zur Komputistik im Frankreich von 721 bis 818, hg. von Arno Borst (MGH Quellen zur Geistesgeschichte, 二〇〇五年刊行予定〔二〇〇六年刊〕). 同書には七二七年の暦算法（注52）の完全版も収録されている。

これについては暫時以下を参照されたい。Borst, Die karolingische Kalenderreform (MGH Schriften 46, 1998) S.186-189 ; Peter Verbist, In duel met hed verleden. Middeleuwse auteurs en hun chronologische correcties op de christelijke jaartelling, ca. 990-1135 (Diss. Phil. Löwen 2003), hier S.135-161, 174-179. 典礼上の時間理解については John Hennig, Kalendar und Martyrologium als Literaturformen, jetzt in: Ders., Literatur und Existenz. Ausgewählte Aufsätze (1980) S.37-80を参照。聖人記念日については Michael Sierck, Festtag und Politik. Studien zur Tagewahl karolingischer Herrscher (Archiv für Kunstgeschichte, Beiheft 38, 1995) を参照。中世初期の時間理解については Aaron J. Grujewitsch, Das Weltbild des mittelalterlichen Menschen (1980) S.98-122〔グレーヴィチ『同時代人の見た中世ヨーロッパ』中沢敦夫訳、平凡社、一九九五年〕を参照。

(54) Beda, Epistola ad Wicthedum c.6, in: Opera didascalica, hg. von Charles W. Jones, Corpus Christianorum Series latine 123 A-C (1975-1980), hier Bd. C S.637; c.12 S.642〔昼夜平分時〕. De natur rerum c.47-48 Bd. A S.229-232〔緯度〕. De temporum ratione c.38 Bd. B S.400f.〔閏日〕. 以下も参照。Ernst Zinner, Alte Sonnenuhren an europäischen Gebäuden (1964) S.3f.; Wesley M. Stevens, Bede's Scientific Achievement, jetzt in: Ders., Cycles of Time and Scientific Learning in Medieval Europe (Collected Studies 482, 1995).

(55) Beda, De temporum ratione c.1 Bd. B S.268. 著作全体の基礎的研究は以下を参照。Charles W. Josen, The Computistical Works of Bede, in: Ders.(注25) S.123-172. 補足は同氏の序文 Bd.A S.XII-XVI; これを深めたのが Murray(注40) S.146-151; Brigitte English, Die Artes liberals im frühen Mittelalter (5.-9. Jh.). Das Quadrivium und der Komputus als Indikatoren für Kontinuität und Erneuerung der exakten Wissenschaften zwischen Antike und Mittelalter (1994) S.280-396; Verbist(注53) S. 162-174. 同箇所については Alfred Cordoliani, A propos du chapitre premier du ›De temprum ratione‹ de Bède, Le moyen Âge 54 (1948) S.209-223 を参照。

(56) Beda, ebd. c.38 S.400 ›*calculator & computator*‹, c.11 S.317〔同義語としての *computare* と *calculare*〕. Historia

ecclesiastica gentis Anglorum III, 25, hg. von Bertram Colgrave - Roger A. B. Mynors. Bede's Ecclesiastical History of the Englisch People (1969) S. 306 ›*catholicus calculator*‹, IV, 2 S. 332 ›*arithmetica ecclesiastica*‹. 以下も参照。Murray（注40）S. 148; Landes（注5）S. 64. ベーダを中心とした *computare, cumputatio, computus* の中世の言葉の場についてもっとも簡潔な研究が Irmengard Dauser, in; Mittellateinisches Wörterbuch 2 (1985) Sp. 1128-1134 である。

（57） Beda, De temporum ratione c. 19 Bd. B S. 343-346 und c. 23 S. 353-355［文字付の暦表］; De temporibus c. 12 Bd. C S. 595［*calculandi facilitas* への異論］; De temporum ratione c. 38 Bd. B S. 399［*facilitas cumputandi* への異論］; c. 41-43 S. 405-418［月の跳躍］. Alistair C. Crombie, Von Augustinus bis Galilei. Die Emanzipation der Naturwissenschaft (^{2}1977) S. 21-24. 同氏はベーダの手法を《実践的経験論》としてあまりにも近代的に解釈している。ユリウス暦改革についてベーダは、Zemanek（注8）S. 29 が論じているほどの関心はなかった。

（58） Beda, ebd. Praefatio S. 263［神］; c. 2 S. 274f.［三種類の年代計算］.

（59） Beda, ebd. c. 3 S. 276-278［天文学者、一時間、ホロロギウム］; c. 5 S. 283f.［二四時間］. ベーダは以下の平分時法の歴史から除外されている。Igor A. Jenzen, Uhrzeiten. Die Geschichte der Uhr und ihres Gebrauches (1989) S. 31-36.

（60） Beda, ebd. c. 6 S. 290-295［天地創造の月日］; c. 66 S. 495f.［天地創造の年］. 以下も参照。Anna-Dorothee von den Brincken, Weltären, Archiv für Kulturgeschichte 39 (1957) S. 133-149, hier S. 146f.

（61） Beda, ebd. c. 66 S. 463-535, nach Theodor Mommsen, MGH Auctores antiquissimi 13 (1898) S. 247-321. 以下も参照。Borst, Weltgeschichten im Mittelalter?, jetzt in: Ders., Barbaren, Ketzer und Artisten. Welten des Mittelalters (^{2}1990) S. 125-134.

（62） Beda, ebd. c. 15 S. 331. 以下も参照。Jacob und Wilhelm Grimm, Deutsches Wörterbuch 13 (1889) Sp. 1371f. ベ

ーダのホールの比喩については Borst, Lebensformen im Mittelalter (Ullstein Taschenbuch 26513, ²1999) S.37-52〔ボルスト『中世の巷にて』永野藤夫他訳、平凡社、一九八七年〕を参照。

(63) Beda, Historia (注56) I, 4 S.24; V, 24, S.560-566 und oft. 同書 (I, 2 S.20) では《キリスト誕生前》の年代付けも行われている。以下も参照。Anna-Dorothee von den Brincken, Beobachtungen zum Aufkommen der retrospektiven Inkarnationsära, Archiv für Diplomatik 25 (1979) S.1-20, hier S.16. Dux (注2) は、この時代におけるベーダ方式の浸透が現在に至るまで我々の世界時間の日付を決定していることを無視する。

(64) Beda, ebd. V, 24 S.570. これについて基礎的な研究は Henri Quentin, Les martyrologes historiques du moyen âge (1908) S.17-119を参照。それを引き継ぐのが John McCulloh, Historical Martyrologies in the Benedictine Cultural Tradition, in: Benedictine Culture 750-1050, hg. von Willem Lourdeaux - Daniel Verhelst (1983) S.114-131である。

(65) Beda, Martyrologium, hg. von Jacques Dubois - Geneviève Renaud, Edition pratique des martyrologes de Bède, de l'Anonyme Lyonnais et de Florus (1976) S.159〔アウグスティヌスについて〕. また Borst (注53) S.205-212. アウグスティヌスの埋葬については以下も参照。Beda, De temporum ratione c.666 Bd.B S.535.

(66) Murray (注40) S.149f. はベーダについて暦算学の他は歴史記述のみ価値を認めている。Franz-Josef Schmale, Funktion und Formen mittelalterlicher Geschichtsschreibung (1980) S.28-37 は暦算学は考慮に入れるが、殉教者列伝は考慮していない。この点は Karl Heinrich Krüger, Die Universalchroniken (Typologie des sources du moyen âge occidental 16, 1976) S.13-21; Ergänzung (1985) S.2f. も同じである。Bernard Guenée, Histoire et culture historique dans l'Occident médiéval (1980) S.52-54 では、この三者の関係は完全に断ち切られている。

(67) Bonifatius, Epistola 76, MGH Epistolae selectae 1 (²1955) S.159 ›*clocca*‹. Walahfrid Strabo, Vita sancti Galli II, 10, MGH Scriptores rerum Merovingicarum 4 (1910) S.320〔振鈴〕; II, 4 S.315〔塔の鐘、ここでは中性名詞 *campanum*

について］. Derselbe, De exordiis et incrementis quarundam in observationibus ecclesiasticis rerum c.5, MGH Capitularia ragum Francorum 2 (1897) S.478f. ［女性名詞 *campana* の起源］. Glocke［鐘］の語については Grimm（注62）Bd.8 (1958) Sp.142f. を参照。鐘そのものについては Landes（注5）S.68f.; Kurt Kramer, Glocke, in: Lexikon des Mittelalters 4 (1989) Sp.1497-1500 を参照。

（68） Der karolingische Reichskalender und seine Überlieferung bis ins 12. Jahrhundert, hg. von Arno Borst (MGH Libri memorials 2/1-3, 2001). 以下も参照。Borst（注53）S.231-311. カール大帝の勅令については Karls Befehl: Admonitio generalis c.72, MGH Capitularia regum Francorum 1 (1883) S.60 Nr.22; 短縮版の再掲載が S.121 Nr.43; S.235 Nr.117; S.237 Nr.119. 大帝の生涯については Capitula der Bischöfe Haito von Basel c.6, MGH Capitula episcoporum 1 (1984) S.211 und Waltraud von Lüttich c.11, ebd, S.47 を参照。その後の八二七年については Abt Ansegis von Fonenelle, Collectio capitularium, MGH Capitularia rerum Francorum N. S. 1 (1996) S.467f., 665 を参照。

（69） Einhard, Vita Karoli magni c.25, MGH Scriptores rerum Germanicarum 25 (⁶1911) S.30 Computus. Annales regni Francorum a. 807, MGH Scriptores rerum Germanicarum 6 (1895) S.123f. ［水時計］. 以下も参照。Percy Ernst Schramm, Karl der Große. Denkart und Grundauffassungen, jetzt in: ders., Kaiser, Könige und Päpste. Gesammelte Aufsätze zur Geschichte des Mittelalters 1 (1968) S.302-241, hier S.311-327; Murray（注40）S.151. 水時計の評価については Landes（注5）S.24 に拠る。

（70） Alkuin, Epistola 171. MGH Epistolae 4 (1895) S.281-283 ›*computus & calculatio*‹; Ep.145 S.231-235 ›*calculatores & mathematici*‹; vgl. Ep.126 S.186-187. アルクインの数学への興味についてはフォルケルツが慎重に述べている。Menso Folkerts, Die älteste mathematische Aufgabesammlung in lateinischer Sprache: Die Akluin zugeschriebenen Propotiones ad acuendos iuvenes, jetzt in: Ders.（注35）S. V 30f. アルクインの暦算法について包括的な研究が

Kerstin Springsfeld, Alkuins Einfluß auf die Komputistik zur Zeit Karls des Großen (2002) S. 128-301; 欠落部分のある研究が Donald A. Bullough, Alcuin. Achievement and Reputation (2004) S. 217-220, 287-293, 305-361.

（71） Einhard, Vita Karoli magni c. 29（注69）S. 33. 以下も参照。 Dieter Geuenich, Die volkssprachliche Überlieferung der Karolingerzeit aus der Sicht des Historikers, Deutsches Archiv 39 (1983) S. 104-130, hier S. 124-127. ベーダの模範については注62を参照。

（72） MGH Epistolae 4 S. 565-567. 筆者による新編集版（注53）が間もなく刊行される〔二〇〇六年刊〕。同書には七九〇年以降の暦算学関連書、および七九三年版、八〇九年版、八一八年版の百科事典の各版も掲載されている。これについては暫時以下を参照。 Borst（注53）S. 317-323; Springfield（注70）S. 91-127; Verbist（注53）S. 179-183.

（73） Hrabanus Maurus, De computo c. 69, Corpus Christianorum Continuatio mediaevalis 44 (1979) S. 284［主の年］; c. 65 S. 282［ルートヴィヒ皇帝の年］; c. 68 S. 284［七月二二日］; Martyrologium, ebd. S. 113［聖ルーフス］. De computo c. 36 S. 247［大年］; c. 51 S. 261f. ›*horoscopus & calculator*‹, c. 17 S. 221［日時計］; c. 11 S. 218f.［アトム］; c. 8 S. 214f. ›*Skrupel*‹. 暦算法について性急なのが Murray（注40）S. 152; 詳細なのが Wesley M. Stevens, Compotistica et Astronomica in the Fulda School, in: Satints, Scholars and Heroes. Studies in Medieval Culture, hg. von Margot H. King - Wesley M. Stevens (1979) S. 27-63; Maria Rissel, Hrabans Liber de computo als Quelle der Fuldaer Unterrichtspraxis in den Artes Arithmetik und Astronomie, in: Hrabanus Maurus und seine Schule, hg. von Winfried Böhne (1980) S. 138-155［殉教者列伝］: John McCulloh, Hrabanus Maurus' Martyrology. The Method of Composition, Sacris erudiri 23 (1978/79) S. 417-461.

（74） Walahfrid Strabo, Visio Wettini v. 183-188, MGH Poetae Latini medii aevi 2 (1884) S. 310［ここには誤った換算が一つあり、土曜日は八二四年一〇月二九日であり、三〇日ではない］. Carmen LXXXIX, ebd, S. 422f. では暦算法の諸規則が信頼性の低い典拠として不必要に退けられているが、原本はそれぞれ以下の通りである。 Nr. 1 :

Hraban De computo c.53（注73）S.265; Nr.2 : c.34 S.243; Nr.3: c.59 S.272; Nr.4 : c.83 S.303. 以下も参照。Wesley M. Stevens, Walahfrid Strabo. A Student at Fulda, in: Historical Papers 1971 of the Canadian Historical Association (1972) S.13-20. ヴァラフリートの暦算学に関する覚書についてはBernhard Bischoff, Eine Sammelhandschrift Walahfrid Strabos (Cod. Sangall. 878), in: Ders., Mittelalterliche Studien. Ausgewählte Aufsätze zur Schriftkunde und Literaturgeschichte 2 (1967) S.34-51, hier S.38-41 を参照。

（75） Wandalbert von Prüm, Epistola, MGH Poetae Latini medii aevi 2 S.569［意図の説明］; De creatione mundi S.621f.［天界の機構］; Martyrologium S.582［天地創造の日付］, S.597［ミュンスターアイフェル］. 以下も参照。John Hennig, Versus de mensibus, Traditio 11 (1955) S.65-90; Ludolf Kuchenbuch, Bäuerliche Gesellschaft und Klosterherrschaft im 9. Jahrhundert. Studien zur Sozialstruktur der Familia der Abtei Prüm (1978) S.36f., 107. 記憶の訓練については Pierre Riché, Le rôle de la mémoire dans l'enseignement médiéval, in: Jeux de mémoire. Aspects de la mnémotechnie médiévale, hg. von Bruno Roy - Paul Zumthor (1985) S.133-148 を参照。

（76） Agius von Corvey, Versus computistici Nr.2, MGH Poetae Latini medii aevi 4/3 (1923) S.939［六歩格］; S.1178f.［暦表］; Nr.1 S.937f.［数字への賛美］. 詳細な研究はEwald Könsgen, Agius von Corvey, in; Die deutsche Literatur des Mittelalters. Verfasserlexikon 1 (1978) Sp.78-82 を参照。八六三年作の詩文テキストは Ders., Eine neue komputistische Dichtung des Agius von Corvey, Mittellateinisches Jahrbuch 14 (1979) S.66-75 を参照。

（77） Annales Fuldenses a.884, MGH Scriptores rerum Germanicarum 7 (1891) S.112. 作者については Hagen Keller, Zum Sturz Karls III., Deutsches Archiv 22 (1966) S.333-384 を参照。現代の文学研究および歴史研究では語られた時間と数えられた時間を厳密に区別している。たとえば以下を参照。Weinrich（注14）S.46-50, 136-139; Koselleck（注33）S.144-157. 中世にはこれは当てはまらない。

（78） Le martyrologe d'Adon, hg. von Jacques Dubois (1984) S.371［万聖節］. 作品に関する最高の分析は Quentin

（注64）S.466-674を参照。年代記については Fritz Landsberg, Das Bild der alten Geschichte in mittelalterlichen Weltchroniken, Diss. phil. Basel (S.33-36); Brincken（注29）S.126-128を参照。

（79） Le martyrologe d'Usuard, hg. von Jacques Dubois (1965) S.332f. 以下も参照。Jacques Dubois, Les martyrologes du moyen âge latin (Typologie des sources du moyen âge occidental 26, 1978) S.45-56.

（80） Hinkmar von Reims, Capitula synodica (von 852) c.8, MGH Capitula episcoporum 2 (1995) S.38 ›*necessarius*‹: derselbe (um 858), Collectio de ecclesiis et capellis, MGH Fontes iuris Germanici antiqui 14 (1990) S.101 und Riculf von Soissons, Statuta (von 889) c.7-8, MGH Capitula episcoporum 2 (1995) S.103 ›*memoriter*‹. 聖職者への要請は Synodalordo, Inquisitio c.7, hg. von Carlo de Clercq, La législation religieuse franque 2 (1958) S.410 にひとつひとつリストアップされている。

（81） Helpericus, Liber de computo, Praefatio, hg. von Jacques-Paus Migne, Patrologia Latina 137 (1854) Sp.17 ›*ars compoti*‹; Prologus Sp.19 ›*calculatoria ars*‹ ; beide Stellen auch MGH Epistolae 6 (1925) S.117, 119; c.30 Sp.40［瞬間］; c.18 Sp.32f.［月の公転周期］. 日付決定については Patrick McGurk, Computus Helperici. Its Transmission in England in the Eleventh and Twelfth Centuries, Medium Aevum 43 (1974) S.1-5を参照。

（82） Regino von Prüm, De synodalibus causis, Notitia Nr.93, hg. von Friedrich W. Wasserschleben (1840) S.26［小暦算法］. Commonitorium cuiusque episcopi c.47, hg. von Jacques-Paul Migne, Patroligia Latina 96 (1851) Sp.1380はまったく同見解だが、小暦算法を完全に放棄している。Regino, Chronicon, Praefatio, MGH Scriptores rerum Germanicorum 50 (1890) S.1［執筆の年］; a.718 S.37-40［周期の比較］. 以下も参照。Heinz Löwe, Regino von Prüm und das historische Weltbild der Karolingerzeit, jetzt in: Ders.（注40）S.149-179, hier S.171-174; Murray（注40）S.152f., 451.

（83） Aurelianus Reomensis, Musica disciplina c.8, hg. von Lawrence Gushee (Corpus scriptorum de musica 21, 1975)

S.80. 筆者の見解では、同書にはヴァリエーションの補助資料への参照指示に誤りがある。同書の編集者が知らない草稿は注49を参照。当時歌われた覚え歌については Wolfgang Irtenkauf, Der Computus ecclesiasticus in der Einstimmigkeit des Mittelalters, Archiv für Musikwissenschaft 14 (1957) S.1-15を参照。

（84） Notker Balubulus, Martyrologium, hg. von Jacques-Paus Migne, Patroligia Latina 131 (1853) Sp.1114 ›*in hoc ecclesiasticarum historiarum breviario*‹; Sp.1070〔マルコとゲオルギウス〕; Sp.1132f.〔アフラ〕. 同書の基礎的な研究は Ernst Dümmler, das Martyrologium Notkers und seine Verwandten, Forschungen zur Deutschen Geschichte 25 (1885) S.195-220, hier S.202-208を参照。

（85） Marc Bloch, Die Feudalgesellschaft (1982) S.99f.〔ブロック『封建社会』堀米庸三監訳、岩波書店、一九九五年〕は平信徒の時間と数字に対する関係を説得力をもって記述している。以下の研究は専門家の知識をあまりにも過小評価している。Georges Duby, Die Zeit der Kathedralen. Kunst und Gesellschaft 980-1420 (²1984) S.40f., 131f〔デュビイ『ヨーロッパの中世—芸術と社会』池田健二他訳、藤原書店、一九九五年〕. 両局面を吟味しているのが Murray（注40）S.157-167.

（86） Johannes Fried, Endzeiterwartung um die Jahrtausendwende, Deutsches Archiv 45 (1989) S.381-473. 同書では軽く触れるに留まっている研究史については Borst（注20）S.13-30を参照。また The Oldest Latin Astrolabe, hg. von Wesley M. Stevens, Guy Beaujouan und Anthony J. Turner, Physis 32 (1995) S.187-450も参照。同書はディテールにこだわっている。修道士の日常生活に及ぼす影響については Josef Semmler, Das Erbe der karolingischen Klosterreform im 10. Jahrhundert, in: Monastische Reformen im 9. und 10. Jahrhundert, hg. von Raymund Kottje - Helmut Maurer (Vorträge und Forschungen 38, 1989) S.29-78を参照。フランク人の暦算家たちの予言では終末が早すぎる件については注52を参照。

（87） Abbo von Fleury, Explanatio in Calculo Victorii c.35-38, hg. von Alison M. Peden, Abbo of Fleury and Ramsey,

Commentary on the Calculus of Victorius of Aquitaine (Auctores Britannici medii aevi 15, 2003) S. 94-96［時間と水時計］. 以下も参照。 Gillian R. Evans - Aloson M. Peden, Natural Science and the Liberal Arts of Fleury's Commentary on the Calculus of Victorius of Aquitaine, Viator 16 (1985) S. 109-127, hier S. 119f. ［水時計について］. その補足は McCluskey（注39）S. 20f.

（88） Abbo, Fragment und Brief, hg. von Alfred Cordoliani, Abbond de Fleury, Hériger de Lobbes et Gerland de Besançon sur l'ère de l'incarnation de Denys le Petit, Revue d'histoire ecclésiastique 44 (1949) S. 463-387, hier S. 474-480［ベーダと歴史家］.

（89） Abbo, Computus vulgaris, hg. von Jacques-Paul Migne, Patrologia Latina 90 (1854) Sp. 731 ›calculator‹, Sp. 758［アルファベット］, Sp. 953f.［歩測日時計］, Sp. 823［第三周期］. 同頁では一〇六五年を誤って一六一五年と読んでいる。 以下も参照。 Alfred Cordoliani, Les manuscrits de la bibliothèque de Berne provenant de l'abbaye de Fleury au XIe siècle. Le comput d'Abbon, Zeitschrift für schweizerische Kirchengeschichte 52 (1958) S. 135-150. 暦表については以下を参照。 Ders., Contribution à la littérature du comput ecclésiastique au moyen âge, Studi medievali III/1 (1960) S. 107-137, 169-208. hier S. 117-137, 169-173. アッボの作品全体については以下を参照。 Eva-Maria Engelen, Zeit Zahl und Bild, Studien zur Verbindung von Philosophie und Wissenschaft bei Abbo von Fleury (1993); Verbist（注53）S. 211-256; Abbon de Fleury: Philosophie et science autour de l'An 1000, hg. von Barbara Obrist (2003); Borst（注20）S. 60-69.

（90） Prologus, hg. von José M Millás Vallicrosa, Asaig d'història de las idees fisiques i mathemàtiques a la Catalunya medieval, 1, (1931) S. 273f. ›*computatio*‹. Sententie astrobalii, ebd. S. 275, 280 ›*horologium*‹, S. 281-284 ›*computare*‹, S. 284-286［曲った時間と真っ直ぐな時間］. De mensura astrolabii, ebd. S. 298 ›*numerandi calculatio*‹. この集成の整理については以下を参照。 Werner Bergmann, Innovationen im Quadrivium des 10. und 11. Jahrhunderts. Studien zur Einführung von Atrolab und Abakus im lateinischen Mittelalter (1985) S. 122-147; Guy Beaujouan, Les Apocryphes mathématiques de Gerbert, in: Gerberto. Scienza, storia e mito, hg. von Michele Tosi (1985) S. 645-658. 筆者が発見した〈コンスタンツ断片〉は、この集成がすでに九九五年頃のフルリーで知られていたことを証明している。以下を参照。Borst（注20）S. 30-52, 112-127.

（91）Gerbert von Aurillac, De rationali et ratione uti c. 6, hg. von Jacques-Paul Migne, Patrologia latina 139 (1853) Sp. 161f.［アリストテレス、天、太陽］; c. 9 Sp. 164［数字と時間］. 以下も参照。Carla Frova, Gerberto philosophus: il De rationali et ratione uti, in: Gerberto（注90）S. 351-377; Pierre Riché, Gerbert d'Aurillac, le pape de l'an mil (1987) S. 181f., 189-192.

（92）Gerber, Regulae de numerorum abaci rationibus, hg. von Nicolaus Bubnov, Gerberti opear mathematica (1899) S. 7-11 ›*digiti & articuli*‹. これについては以下で議論されている。Commentarius in Gerberti regulas I, 2, 2 S. 252. Gerbert, Geometria VI, 2 S. 80f.［整数と分数］; IV, 3 S. 84f.［算盤家］. 算盤の導入にジェルベールが果たした役割には議論の余地があるが、それについては以下を参照。Bergmann（注90）S. 185-215. Die Briefsammlung Gerberts Nr. 183, MGH Briefe der deutschen Kaiserzeit 2 (1966) S. 217［算盤の数］; Nr. 135 S. 180f.［時間表］. 以下も参照。Landes（注5）S. 53f., 64f.; Borst（注20）S. 52-56. McCluskey（注39）S. 21f. は説得力に欠ける。算盤の合理性を巡る刺激的な論議がMurray（注40）S. 163-167である。

（93）Gerbert (?), Liber de astrolabio III, 3, hg. von Bubnov（注92）S. 126［「加算する」の意味の *computare*］; I, 1 S. 116［教会での奉仕］; II, 10 S. 122［時針の意味の *calculator*］; XI S. 133［「読み取られる」の意味の *computare*］. 作者の問題については以下を参照。Bergmann（注90）S. 148-163; Beaujouan（注90）S. 651. ジェルベール本人の著作と細かな相違はあるが、筆者は同氏の意見に賛同する。以下を参照。Borst（注20）S. 48, 78. 時針については Willy Hartner, The Principle and Use of the Astrolabe, jetzt in: Ders., Oriens - Occidens. Ausgewählte Schriften zur

Wissenschafts- und Kulturgeschichte 1 (1968) S.287-311, hier S.300f., 309f. を参照。 Zeiger（時針）という語の歴史については Paul Kunitzsch, Glossar der arabischen Fachausdrücke in der mittelalterlichen europäischen Astrolabliteratur (Nachrichten der Akademie der Wissenschaften in Göttingen Phil.-hist. Kl. Jg. 1983/11, 1983) S.455-571, hier S.538f. を参照。 同頁には引用した定義とその他の参考資料が記載されている。

（94） De aggregatione naturalium numerorum, hg. von Maximilian Curtze, Die Handschrift No.14836 der Königlichen Hof- und Staatsbibliothek zu München, Zeitschrift für Mathematik und Physik 40 (1895) Supplement S.75-142, hier S.106 ›*abaciste*‹, S.108 ›*compotiste*‹. その改訂版は Borst（注9）S.77f. を参照。 その間に筆者は証拠となる別のテクストを見つけた。 Biblioteca Apostolica Vaticana, Codex Palatinus latinus 1356 Blatt 115r-116r unter dem Titel *Libellus abaci*.

（95） Franco von Lüttich, De quadratura circuli I E, hg. von Menso Folkerts - Alphons J.E.M. Smeur, A Treatise on the Suaring of the Circle by Franco of Liège of about 1050, Archives internationales d'histoire des sciences 26 (1976) S.59-105, 225-253, hier S.67. 以下も参照。 Paul L. Butzer, Mathematics in the Region Aachen - Liège - Maastricht from Carolingian Time to the 19th Century, Bulletin de la Société Royale de Sciences de Liège 51 (1982) S.5-30, hier S.8-10.

（96） Notker Labeo, De quatuor questionibus cimputi, hg. von Paul Piter, Nachträge zur älteren deutschen Literatur (1898) S.312-318, hier S.313 ›compotista‹, S.317 ›calculator‹. いまだ補完されていない以下の研究も参照。 Gabriel Meier, Die sieben freien Künste im Mittelalter, Teil 2, in: Jahresbericht über die Lehr- und Erziehungsanstalt des Benediktinerstiftes Maria Einsiedeln im Studienjahr 1886/87 (1887) S.3-36, hier S.11f. 以下の研究にはノートカーが欠けている。 Alfred Cordoliani, L'évolution du comput ecclésiastique à Saint Gall du VIIIe au XIIe siècle, Zeitschrift für schweizerische Kirchengeschichte 49 (1955) S.288-323. エッカルトに及ぼした影響については

Borst（注20）S.72f. を参照。

（97） Die Werke Notkers des Deutschen, hg. von James C. King - Petrus W. Tax, 9 (1981) S.346. 以下も参照。 Grimm（注62）Bd.12 (1885) Sp.2427f. 宗教的な背景を以下の研究は否定する。 Hans Kaletsch, Tag und Jahr. Die Geshichte unseres Kalenders (1970) S.41.

（98） Musica Hermanni Contracti, hg. von Leonard Ellinwood ([2]1952) S.24 ›unanimis omnium assertio et insuperabilis naturae veritas‹; S.18f.［週と音］; S.24［構造］. 以下も参照。 Hans Oesch, Berno und Hermann von Reichenau als Musiktheoretiker (1961) S.228f. 同氏の評価は低すぎる。 Borst, Ein Forschungsbericht Hermanns des Lahmen, Deutsches Archiv 40 (1984) S.379-477, hier S.397f.; Borst（注9）S.94f., 158.

（99） Hermannus Contractus, Über das Astrolab c.8, hg. von Joseph Drecker, Isis 16 (1931) S.200-219, hier S.211［*ad astronomicam horologicamve disciplinam* に属するアストロラーベについて］; c.5 S.208 ›*calculator*‹（注90）. De mensura horologii, hg. von Jacques-Paul Migne, Patrologia Latina 143 (1853) Sp.405-408［horologicum instrumentum としての円筒形日時計］. 以下も参照。 Werner Bergmann, Der Traktat ›De mensura astrolabii‹ des Hermann von Reichenau, Francia 8 (1986) S.65-103, hier S.69-75; Borst（注20）S.77-82; Borst, Die Astrolabschriften Hermanns des Lahmen, in; Ders., Ritte über den Bodensee. Rückblicke auf mittelalterliche Bewegungen ([2]1992) S.242-273.

（100） Hermannus Contractus, Martyrologium, Auszüge hg. von Dümmler（注84）S.208-213. 以下も参照。 Borst（注98）S.398-406; John McCulloh, Herman the Lame's Martyrology through Four Centuries of Schokarpship, Analecta Bollandiana 104 (1986) S.349-370.

（101） 印刷に付されなかった『暦算法《コンポトゥス》』についてはBorst（注98）S.427-431, S.428［引用箇所］を参照。 新しい歴史的視点に欠けた研究がWerner Bergmann, Chronographie und Komputistik bei Hermann von Reichenau, in:

Historiographia mediaevalis. Studien zur Geschichtsschreibung und Quellenkunde des Mittelalters. Festschrift für Franz-Josef Schmale (1988) S.103-117.

(102) Hermannus Contractus, Chronicon a.456, MGH Scriptores 5 (1844) S.83 und a.550 S.88［誤った復活祭計算とその修正について］. 以下も参照。Borst, Hermann der Lahme und die Geschichte, in: Ders.（注61）S.135-154. 晩年に抱いた疑念については、未刊行の以下の資料を参照。›Prognostia‹, Borst（注98）S.435-440.

(103) Necrologium Benedictoburanum, MGH Necrologia Germaniae 1 (1888) S.4［三月一三日について。同頁では一一四七年と読み違えている］. 以下も参照。Hartmut Hoffmann, Buchkunst und Königtum im ottonischen und frühsalischen Reich 1 (Schriften der MGH 30/1, 1986) S.431f. 暦算法のイルミュンスター写本に筆記者の生涯に関する日付が書き込まれていた類似例については Borst（注9）S.298f. を参照。

(104) Gerlandus, Regulae super abacum, hg. von Peter Treutlein, Scritti inediti relativi al calcolo dell'abaco, Bullettino di bibliografia e di storia delle scienze matematiche e fisiche 10 (1877) S.595-647, hier S.595-607［様々な意味の *abacistae* について］. 以下も参照。Alfred Cordoliani, Notes sur un auteur peu connu: Gerland de Besançon, Revue du moyen âge latin 1 (1945) S.411-419, hier S.417-419; Borst（注9）S.111f. 暦算法については以下を参照。Alfred Cordoliani, Le comput de Gerland de Besançon, Revue du moyen âge latin 2 (1946) S.309-313, hier S.311［暦について］. コルドリアーニ編集の暦算法抜粋（注88）S.484-487, hier S.484 ›*calculatores*‹. 日付決定については以下を参照。Borst（注98）S.465f. 作品については Verbist（注53）S.319-344 を参照。

(105) Regulae domni Oddonis super abacum, hg. von Martin Gerbert, Scriptores ecclesiastici de musica sacra potissimum 1 (1784) S.296; auch hg. von Jacques-Paul Migne, Patrologia Latina 133 (1854) Sp.807. 作者についての問題は以下を参照。Borst（注9）S.116-118.

(106) Honorius Augusutodunensis, Eludicarium I, 19 hg. von Yves Lefèvre, L'Elucidarium et les lucidaires (1954)

S. 364［天地創造］; I, 36, S. 367［サタン］; I, 90 S. 377［アダム］; I, 128 S. 384［キリスト生誕］; III, 50 S. 457［最後の審判］; I, 156-157 S. 389［四〇時間］. 以下も参照。 Jacques Le Goff, Kultur des europäischen Mittelalters (1970) S. 295f. 時間の不足については Murray（注40）S. 105-107 を参照。

（107） Hugo von St. Victor, De tribus maximis circumstantiis gestorum, hg. von William M. Green, Speculum 18 (1943) S. 484-493, hier S. 489-491. 以下も参照。 Joachim Ehlers, Hugo von St. Viktor. Studien zum Geschichtsdenken und zur Geschichtsschreibung des 12. Jahrhunders (1973) S. 136-155; Borst（注9）S. 180f.; John B. Friedman, Les images mnémotechniques dans les manuscrits de l'époque gothique, in: Jeux de mémoire（注75）S. 169-184, hier S. 173f. アストロラーベについては Borst（注20）S. 87f. を参照。 本のメタファーについては Ernst Robert Curtius, Europäische Literatur und lateinisches Mittelalter (⁹1978) S. 319-324〔クルツィウス『ヨーロッパ文学とラテン中世』南大路振一他訳、みすず書房、一九七一年〕を参照。 Hans Blumenberg, Die Lesbarkeit der Welt (²1983) S. 51-53 はフーゴの学識に関する情報が不十分である。

（108） Guido Augiensis, Regulae de arte musica c. 1, hg. von Edmond de Coussemaker, Scriptorum de musica medii aevi noba series 2 (1867) S. 152. 筆者は作者名を以下の研究に従い修正する。 Michael Bernhard, Das musikalische Fachschrifttum im lateinischen Mittelalter, in: Geschichte der Musiktheorie 3（注36）S. 37-103, hier S. 59.

（109） Marianus Scottus, Chronicon a. 1050-1091, MGH Scriptores 5 (1844) S. 556-560［自伝］; a. 548 S. 538［ディオニュシウス］; a. 700 S. 544 und a. 747 S. 546［暦算家としてのベーダ］. 作品については Verbist（注53）S. 261-317 を参照。

（110） Bernold, Chronicon, De regularibus patrum, MGH Scriptores 5 S. 393［極めて厳格な暦算家としてのヘルマン］, a. 1093 S. 457［卓越した計算者としてのヘルマン］. 注116参照。 以下も参照。 Borst（注98）S. 461-463. 暦については以下を参照。 Rolf Kuithan - Joachim Wollasch, Der Kalender der Chronisten Bernold, Deutsches Archiv 40 (1984) S. 467-531.

(111) Frutolf, Chronica a.1093, Freiherr vom Stein-Gedächtnisausgabe 15 (1972) S.106［日蝕の時刻を挙げている］, S.108［月蝕の際の満月になる月齢は14日である］. 以下も参照。 Borst（注98）S.463f. フルトルフのサークルについては Otto Meyer, Weltchronistik und Computus im hochmittelalterlichen Bamberg, jetzt in: Ders., Varia Franconiae Historica 2 (1981) S.768-787, hier S.769［われわれの時代の暦算法家たち、フルトルフの弟子ハイモの場合］を参照。 ハイモについては Verbist（注53）S.453-530を参照。

(112) Pseudo-Beda, De mundi celestis terrestrisque constitutione I, 50, hg. von Charles Burnett (1985) S.22, ebenso I, 317-319 S.44-46. 九世紀及び一〇世紀には考えられなかったであろう区別は、ニーマイアーの意見とは逆に、編集者が使用した年代決定（一一三頁）の正当性を裏付けている。 Jan F. Niermeyer, Mediae latinitatis lexicon minus (1976) S.233.

(113) Gesta Treverorum c.21, MGH Scriptores 8 (1848) S.195. ヨシュアなる人物については Alfred Haverkamp, Die Juden im mittelalterlichen Trier, Kurtrierisches Jahrbuch 19 (1979) S.5-57, hier S.27f. を参照。

(114) Sigebert von Gembloux, Chronicon a.532, MGH Scriptores 6 (1844) S.316［ディオニュシウス批判］, ebenso a.979 S.352, a.1076 S.363. Liber decennalis III, 60, MGH Quellen zur Geistesgeschichte 12 (1986) S.284f.［ディオニュシウスと現代人］; II, 64-71 S.252-256［鋭い観察力と真実］; III, 7 S.258f［マリアヌス］. 以下も参照。 Borst（注98）S.464f.; Joachim Wiesenbach, MGH Quellen zur Geistesgeschichte 12 S.9-168; Verbist（注53）S.345-439.

(115) Adam von Bremen, Gesta Hammaburgensis ecclesiae pontificum III, 66, MGH Scriptores rerum Germanicarum (³1917) S.213 ›calculare‹; I, 35 S.38 und I, 45 S.46 ›compotus‹. 著作については Franz-Josef Schmale, Adam von Bremen, in: Die deutsche Literatur des Mittelalters. Verfasserlexikon 1 (1978) Sp.50-54を参照。

(116) Wilhelm von Hirsau, Statuta Hirsaugensia II, 34, hg. von Jacques-Paul Migne, Patrologia Latina 150 (1854) Sp.1089［典礼の時間］; II, 44 Sp.1104［穀物の収穫］. Bernold, Chronicon a.1091, MGH Scriptores 5 S.451［時計と暦

算法〕. 以下も参照。 Landes（注5）S. 69f.; Borst（注98）S. 460f. アストロラーベについてはまず以下を参照。 Borst（注20）S. 82f.; Joachim Wiesenbach, Wilhelm von Hirsau, Astrolab und Astronomie im 11. Jahrhundert, in: Hirsau St. Peter und Paul 1091-1991, Bd. 2 (1991) S. 109-154. ほぼ同時代にフランス北部で刊行された以下の書は、星、および個々の修道院の建物に対する星の位置のみを取り上げている。 ›Horologium stellare monasticum‹, hg. von Giles Constable, in: Corpus consuetudinum monasticarum 6 (1975) S. 1-18.

（117） Elias Steinmeyer - Eduard Sievers, Die althochdeutschen Glossen 3 (^{2}1969) S. 655, nach der Münchner Handschrift 14689 aus St. Emmeram. 写本の日付についてはBorst（注9）S. 138を参照。

（118） Wilhelm von Malmesbury, Gesta regum Anglorum II, 118, Rerum Britannicarum scriptores 90/1 (1887) S. 122 ›*sine computo*‹. *lunaris compotus*〔月の計算〕の古い意味については Ders., Gesta pontificum Anglorum, IV, 164, ebd. Bd. 52 (1870) S. 300を参照。 アストロラーベについてはBorst（注20）S. 86を参照。 王制と算術の深い関係についてはMurray（注40）S. 180f., 194-203を参照。

（119） Leges Edwardi Confessoris c. 32 B13, hg. von Felix Liebermann, Die Gesetze der Angelsachsen 1 (1903) S. 657.

（120） Charta Henrici I regis, zitiert nach dem Korrekturen von Henry G. Richardson, Henry I's Charter to London, Englisch Historical Review 42 (1927) S. 80-87, hier S. 82. Liebermann（注119）Bd. 3 (1916) S. 304 ›*ad compotum*‹ は技術的解釈が度を越している。 これにより王が認めたのは、 硬貨を検算することのみであり、 目方と純度を検査させることではない。 財務省の成立について総合的な研究は Gerald L. Harriss, Exchequer, in: Lexikon des Mittelalters 4 (1989) Sp. 156-159を参照。

（121） Richard Fitz Nigel, Dialogus de scaccario I, 5, hg. von Charles Johnson (^{2}1983) S. 24-26 ›*calculator*‹, I, 3, S. 11 ›*computatores*‹; I, 14 S. 62 ›*annales compotorum*‹. この語の使用法に関するその他の資料は Dictionary of Medieval Latin from British Sources, hg. von Ronald E. Latham, 2 (1981) S. 414f. を参照。 一一五〇年頃にバースのアデラ

ードはアストロラーベの時針を *computator* と呼んだが、同調者は出なかった。Libellus de opere astrolapsus, hg. von Bruce G. Dickey, Adelard of Bath. An Examination based on heretofore unexamined Manuscripts (Diss. phil, Toronto, 1982) S.200. 以下も参照。Kunitzsch（注93）S.538f. および注170。

（122） Jacques Le Goff, Zeit der Kirche und Zeit des Händlers im Mittelalter, jetzt in: Marc Bloch, Fernand Braudel, Lucien Febvre u.a., Schrift und Materie der Geschichte, hg. von Claudia Honegger (1977) S.393-414〔ル・ゴフ「中世における教会の時間と商人の時間」『もうひとつの中世のために』所収、加納修訳、白水社、二〇〇六年〕; ders., Wucherzins und Höllenqualen. Ökonimie und Religion im Mittelalter (1988) S.40-43.〔ル・ゴッフ『中世の高利貸』渡辺香根夫訳、法政大学出版局、一九八九年〕.

（123） Petrus Abaelardus, Dialectia I, 2, 2, 2-3, hg. von Lambertus M. De Rijk (^{2}1970) S.61-65. 以下も参照。Borst, Die historische Zeit bei Abaelard, in: Ders.（注61）S.155-173.

（124） Abaelard, ebd, I, 2, 2, 2 S.61; I, 2, 3, 2 S.78; I, 2, 3, 18 S.108.

（125） Abaelard, ebd. I, 2, 2, 1 S.59［算術］; II, 2, 9 S.216f.［天文学］; IV, 1, Prologus S.469 ›*mathematica*‹; I, 2, 3, 10 S.99f.［幾何学］. 以下も参照。Borst（注9）S.212f. 算術に関するより肯定的な見解は初期の作品に見られる。Theologia Summi boni I, 6, hg. von Ursula Niggli (Philosophische Bibliothek 395, 1988) S.44-47. 自然と博物学の軽視についてはBorst（注20）S.85f.［引用箇所］を参照。

（126） Abélard, Historia calamitatum. hg. von Jacques Monfrin (^{3}1967) S.70, 81,94. 数字と日付に対するアベラールの無関心についてはMurray（注40）S.188を参照。

（127） Otto von Freising, Chronica sive Historia de duabus civitabibus, Epistola, MGH Scriptores rerum Germanicarum 45 (^{2}1912) S.5 ›*cronographi*‹; V, 18 S.248［ベーダ］; I, 5 S.43 ›*annorum supputatio*‹. John of Salisbury, Historia pontificalis, Prologus, hg. von Marjorie Chibnall (1956) S.2f.［ベーダ、*series temporum, cronici scriptores*］. これらの

歴史家における日付と数字にかんしてはMurray（注40）S.174-180を参照。歴史記述が歴史的な性格を明らかにしたことについてはBernard Guenée, Les premiers pas de l'histoire de l'historiographie en Occident au XIIe siècle (Académie des inscriptions et belles lettres. Comptes rendus, 1983) S.136-152を参照。

（128） Geschichtsschreibung und Geschichtsbewußtsein im Spätmittelalter, hg. von Hans Patze (Vorträge und Forschungen 31, 1987) S.81. 同書五五一頁には、歴史記述と暦算学の結びつきが完全に途切れはしなかったが、緩まったことが示してある。

（129） Decretum Gratiani D.38 c.5, hg. von Emil Friedbert, Corpus iuris canonici 1 (1879) Sp.141f. ›*computus*‹. 論拠はアウグスティヌスと称しているが、実際はバーゼルのハイト（注68）である; D.37 c.10 Sp.138［算術、幾何学、音楽］. 第二点についてはMurray（注40）S.178を参照。

（130） 以下も参照。Adolf P. Juschkewitsch, Geschichte der Mathematik im Mittelalter (1964) S.175-325, 349-357; W. Montgomery Watt, Der Einfluß des Islam auf das europäische Mittelalter (1988) S.39-41, 61-67. 教会法の留保についてはBorst（注20）S.93f.を参照。

（131） Alfred Nagl, Über eine Algorismus-Schrift des XII. Jahrhunderts und über die Verbreitung der indisch-arabischen Rechenkunst und Zahlzeichen im christlichen Abendlande, Zeitschrift für Mathematik und Physik 34 (1889) Historisch-literarische Abteilung S.129-146, 161-170. ウィーン写本については最近ではOtto Mazal - Eva Irblich, Wissenschaft im Mittelalter (^{2}1978) S.190 Nr.161を参照。アルゴリズムについてはKarl Menninger, Zahlwort und Ziffer. Eine Kulturgeschichte der Zahl 2 (^{3}1979) S.225-227 mit Abbildung S.239［メニンガー『図説数の文化史』内林政夫訳、八坂書房、二〇〇一年］. Murray（注40）S.167-174も参照。マレーは出典を知りながらも、中世盛期について論じる際には暦算法への興味を失っている。Landes（注5）S.78は都市市民が先頭を切って新しい算術を使用したと考えている。一方パッツェは実際には都市市民の適応がどれほど遅かったかを正

当に強調している。 Hans Patze, Neue Typen des Geschäftsschriftgutes im 14. Jahrhundert, in: Der deutsche Territorialstaat im 14. Jahrhundert, hg. von dems., 1 (Vorträge und Forschungen 13/1 1970) S.9-64, hier S.64.

(132) Reiner von Paderborn, Compotus emendatus II, 1-4, hg. von Walter E. van Wijk, Le comput emendé de Reinherus de Paderborn (Verhandelingen der K. Nederlandse Akademie N.F. 57/3, 1951) S.48-50［計算ミス、ヘルマンの朔望月］; I, 24, S.44-46［月の軌道］; I, 12 S.28［モーセ］; II, 4 S.50［ユダヤ暦の古さ］; II, 7 S.56［天地創造］; I, 1 S.16 ›*compotus*‹; II, 8-15 S.56-70［キリストの復活］; Praefatio S.10［教会と評判］. ユダヤ暦の本当の古さについては注29を参照。 ライナーが受けた教育過程はさらに詳しく調査する必要があるのだが、それは以下の研究にさえ欠けている。 Peter Classen, Studium und Gesellschaft im Mittelalter (Schriften der MGH 29, 1983); Schulen und Studium im sozialen Wandel des hohen und späten Mittelalters, hg. von Johannes Fried (Vorträge und Forschungen 30, 1986).

(133) Magister Gregorius, Narracio de mirabilibus urbis Romae c.12, hg. von Robert B. C. Huygens (Textus minores 42, 1970) S.20f.［ディオスクロイ］; c.29 S.28f.［カエサルの墓］. 以下も参照。 Gerd Tellenbach, Die Stadt Rom in der Sicht ausländischer Zeitgenossen (800-1200), Saeculum 24 (1973) S.1-40, hier S.10, 35-37; John Osborne, Master Gregorius, The Marvels of Rome (1987) S.60, 88-94. さらに古い伝統については Mirabilia urbis Rome c.26, hg. von Percy Ernst Schramm, Kaiser, Rom und Renovatio 2 (1929) S.88f.［ディオスクロイ］; c.13 S.80［カエサルの墓］を参照。

(134) Alexander de Villa Dei, Massa compoti, Praefatio, hg. von Walter E. van Wijk, Le nombre d'or. Étude de chronologie technique (1936) S.52［諸定義、カエサル］. ラインハルト・エルツェ氏の指摘によるが、例として挙げられている一二〇〇年の年号（v.281f. S.59）は、 Wijk, S.31 とは違って執筆年とは限らない。覚え歌とその影響については Bernhard Bischoff, Ostertagtexte und Intervalltafeln, in: Ders.（注74）S.192-227を参照。 小暦算法

について注82を参照。

(135) Johannes de Sacro Busto(!), Libellus de anni ratione seu ut vocatur vulgo Computus ecclesiasticus, hg. von Philipp Melanchthon (Neudruck 1558) Bl. I 6 v［定義］; Bl. M 8 r［閏日］; Bl. O 1 r［公会議］. 作者について最近では以下を参照。 Francis B. Brévart - Menso Foklerts, Johannes de Sacrobosco, in: Die deutsche Literatur des Mittelalters. Verfasserlexikon 4 (1983) Sp. 731-636; 暦算法については Borst（注98）S. 468; Jennifer Moreton, John of Sacrobosco and the Kalendar, Viator 35 (1994) S. 229-244 を参照。 大学における天文学とアストロラーベの位置については Borst（注20）S. 94-96 を参照。

(136) Vinzenz von Beauvais, Speculum doctrinale XVI, 9 (1624) Sp. 1509. 最初にボーヴェは（XVI, 6 Sp. 1507）、暦算法を称賛するイシドルスの言葉をカッシオドルスからまるまる引用して繰り返している（注47）。ボーヴェの日付決定方法の根拠については Apologia actoris c. 5, hg. von Anna-Dorothee von den Brincken, Geschichtsbetrachtung bei Vincenz von Beauvais, Deutsches Archiv 34 (1978) S. 410-499, hier S. 471 を参照。

(137) Albertus Magnus, Summa theologica II, 11, 59, in: Opera omnia, hg. von Auguste Borgnet, 32 (1895) S. 586 ›*in computo ecclesiastico*‹. 以下も参照。 Uta Lindgren, Albertus Magnus, De tempore, in: Thesaurus Coloniensis. Festschrift für Anton von Euw (1999) S. 131-146. Thomas von Aquin, In quattuor libros Sententiraum IV, 13, 1, 2 d, in: Opera omnia, hg. von Roberto Busa, 1 (1980) S. 491 ›*secundum ecclesiae computum*‹. 以下も参照。 Anneliese Maier, Die Subjektivierung der Zeit in der scholastischen Philosophie, Philosophia naturalis 1 (1950/52) S. 361-398, hier S. 369-371, 376-370; アストロラーベの評価については Borst（注20）S. 96f. を参照。 さしあたりは瑣末な例外をミヒャエル・ベルンハルト氏が示唆してくれた。すなわち一三世紀末のパリの音楽理論家たちは、時間を数字と見なすアリストテレスの定義に固執していたというのである。資料は Ulrich Michels, Die Musiktraktate des Johannes de Muris (1970) S. 72 を参照。 その影響に関しては注157を参照。

(138) Roger Bacon, Compotus, Prologus, in: Opera hactenus inedita, hg. von Robert Steele, 6 (1926) S.2f. ベーコンはロバート・グローステストの定義を利用した。Robert Grosseteste, Compotus factus ad correctionem communis kalendarii nostri c.1, ebd. S.213. グローステストについてはBorst（注98）S.468f.; Richard C. Dales, The Computistical Works ascribed to Robert Grosseteste, Isis 80 (1989) S.74-79; Jennifer Moreton, Grosseteste and the Kalendar, in: Robert Grosseteste. New Perspectives on His Thought and Scholarship, hg. von James McEnvoy (Instrumenta Patristica 27, 1995) S.77-88を参照。三分割については注58を参照。

(139) Bacon, ebd. II, 18-19 S.146-150［暦批判］; II, 1 S.87-89［暦算家］. 以下も参照。Borst（注98）S.470f. アストラーベに関するベーコンの判断についてはBorst（注20）S.97f.を参照。イスラム圏の水時計についてはEilhard Wiedermann - Fritz Hauser, Über die Uhren im Bereich der islamischen Kultur (Nova Acta Leopoldina 100/5, 1915); Donald R. Hill, Arabic Water-Clocks (1981)を参照。日時計についてはKarl Schoy, Gnomonik der Araber (Die Geschichte der Zeitmessung und der Uhren, hg. von Ernst von Bassermann-Jordan, 1 F, 1925)を参照。

(140) Roger Bacon, Opus maius, IV, hg. von Johan H. Brigdegs 1 (1897) S.187-210, 269-285. ベーコンの改革案が一五八二年に実現されたというCrombie（注57）S.53の主張は、一三世紀と一六世紀の間に時間と数字についての見解が根本的な変化を遂げたことを無視している。

(141) Gulielmus Durandus, Rationale divinorum officiorum VIII, 1 (1568) Bl.466r［定義］; VIII, 10 Bl.478v［誤謬］ebenso VIII, 11 Bl.479r; Datierung 1268 nach VIII, 9 Bl.477v. 専門研究は暦算法に関する部分を見落としているが、Georg Steer, Durandus, in: Die deutsche Literatur des Mittelalters. Verfasserlexikon 2 (1980) Sp.245-247では少なくとも言及はされている。

(142) Lynn Thorndyke, Computus, Speculum 29 (1954) S.223-238. 同書の二二四—二二七頁には、いまだに〈暦算法〉のタイトルを掲げた一四世紀と一五世紀の書籍が集められており、そのほとんどには大衆にも分かり易い補足が付されていた。このリストに抜けがあるとすれば、それはたとえばコンスタンツの学校教師ブルカルト・フリーが一四三六年に著した『教会区司祭向け教会式暦算法訓練』であろう。この頃には、問題点をある程度意識していた著作家は別のタイトルを選ぶようになっていた。

（143） Johannes von Montpellier, Tractatus quadrantis, hg. von Nan L. Hahn, Medieval Mesuration: Quadrans vetus and Geometrie due sunt partes principales (Transactions of the American Philosophical Society Bd. 82/8, 1982) S. 6-113. 太陽四分儀の歴史については、文献は多少古いが、同書のXXIIIからXXXVI頁も参照。文献を補足するのがErnst Zinner, Deutsche und niederländische astoronomische Instrumente des 11.-18. Jahrhunderts (^{2}1967) S. 154-163. 相変わらず残っている誤謬についてはMargarida Archinard, The Diagram of Unequal Hours, Annals of Science 47 (1990) S. 173-190を参照。

（144） Robertus Anglicus, Commentarius in Sphaeram c. 11, hg. von Lynn Thorndike, The Sphere of Sacrobosco and Its Commentators (1949) S. 179f. 以下も参照。詳細を極めた研究がLynn Thorndike, Invention of the Mechanical Clock about 1271 A.D., Speculum 16 (1941) S. 242f. Lynn White jr., Die mittelalterliche Technik und der Wandel der Gesellschaft (1968) S. 98-100〔『中世の技術と社会変動』内田星美訳、思索社、一九八五年〕はアストロラーベの歴史について誤った判断を下している。同書は以下の研究では考慮の対象から外されている。Donald R. Hill, A History of Engineering in Classical and Medieval Times (1984) S. 241-245. 注59のイェンツェン（S. 15-28）は全体としては適確だが、ロベルトゥスの文章を研究していれば神学的に誤った結論を下さずにすんだことだろう。

（145） Brunetto Latini, Li livre dou tresor I, 118, 3, hg. von Francis J. Carmody (^{2}1975) S. 103 ›*conteour*‹, I, 118, 6 S. 104 ›*il contes*‹. ボノ・ジャンボーニはこの件をすぐに*conto*と直訳した。加えて資料の多い以下も参照。Salvatore Battaglia, Grande dizionario della lingua italiana 3 (1964) S. 436f., 660-664. さらに高まった数字意識に関して、歴史記述についてはMurray（注40）S. 180-187を、商業についてはebd. S. 189-194を参照。

(146) Dante Alighieri, Il Fiore VIII, 3, in: Opere minori, hg. von Domenici de Robertis - Gianfranco Contini, 1/1 (1984) S.572［決済］; CLIV, 5 S.720［差し引き勘定］. 以下も参照。 Enciclopedia Dantesca, hg. von Umberto Bosco, 2 (1970) S.178.

(147) 言葉については Wilhelm Meyer-Lübke, Romanisches etymologisches Wörterbuch (^{3}1935) S.199 を参照。 対象については Menninger（注131）S.245f. を参照。

(148) Peter Herde, Beiträge zum päpstlichen Kanzlei- und Urkundenwesen im dreizehnten Jahrhundert (^{2}1967) S.181-190. 後代への影響については注193を参照。

(149) 言葉については Ducange（注28）Sp.473f. を参照。 対象については以下の包括的な研究を参照。 Elisabeth Lalou, Chambre des comptes, in; Lexikon des Mittelalters 2 (1983) Sp.1673-1675.

(150) 言葉については Grimm（注62）Bd.11 (1873) Sp.1743を参照。 対象については Menninger（注131）S.161f. を参照。

(151) MGH Constitutiones et acta publica imperatorum et regum 1 (1893) S.487 Nr.341［一一九一年の勅令］. 以下も参照。 Wilhelm Erben, Die Kaiser- und Königsurkunden des Mittelalters in Deutschland, Frankreich und Italien (1907) S.324-326. Corpus der altdeutschen Originalurkunden bis zum Jahr 1300, hg. von Friedrich Wilhelm, 1 (1932) S.46-53 Nr.26［一二五二年のルツェルン市条例］.

(152) ラテン語版については Rolf M. Kully, Cisiojanus. Comment savoir le calendrier par coueur, in: Jeux de mémoire（注75）S.149-156 を参照。 ドイツ語版については Arne Holtorf, Cisiojanus, in: Die deutsche Literatur des Mittelalters. Verfasserlexikon 1 (1978) Sp.1285-1289 を参照。

(153) Arnold Esch, Zeitalter und Menschenalter. Die Historiker und die Erfahrung vergangener Gegenwart (1994), hier S.25-37.

(154) Alexander von Roes, Noticia seculi c.6-7, MGH Staatsschriften des späteren Mittelalters 1/1 (1958) S.151f.; c.20-3

S.167-171. 以下も参照。 Herbert Grundmann, Über die Schriften des Alexander von Roes, jetzt in: Ders.（注7）S.196-274, hier S.202-206; Bernhard Töpfer, Das kommende Reich des Friedens. Zur Entwicklung chiliastischer Zukunftshoffnungen im Hochmittelalter (1964) S.45f., 146f. 一二四〇年から六〇年にかけての終末感については以下を参照。 Hans Martin Schaller, Endzeit-Erwartung und Antichrist-Vorstellungen in der Politik des 13. Jahrhunderts, jetzt in: Ders., Stauferzeit. Ausgewählte Aufsätze (MGH Schriften 38, 1993) S. 25-52.

（155） Elias Salomon, Scientia artis musicae c.17, hg. von Gerbert（注105）Bd.3 (1784) S.36. さらにこの証言を知らない以下の研究も参照。 Paul Lehmann, Blätter, Seiten, Spalten, Zeilen, in: Ders.（注42）Bd.3 (1960) S.1-59, hier S.17-25. インド記号に対する抵抗についてはMenninger（注131）S.244f.; Murray（注40）S.169-172を参照。

（156） Exafrenon pronosticacionum temporis c.1, hg. von John D. North, Richard of Wallingford. An edition of his writings with introductions, English translation an commentary 1 (1976) S.184-192. 同書一八七頁によれば、*compotestas* は一四世紀末にはまだ半フランス語化されて *coutoures* と訳されていた。著作については Ebd. Bd.2 (1976) S.83-97, 100-102 を参照。 一四世紀が臆病風に吹かれたという仮説は Hans Blumenberg, Der Prozeß der theoretischen Neugierde (²1980) S.151-157 によるもの。

（157） Bernhard Schimmelpfennig, Heiliges Jahr, in: Lexikon des Mittelalters 4 (1989) Sp.2024f.［ボニファティウスとクレメンスの両教皇について］. Johannes de Muris, Notitia artis musicae II, 1, hg. von Ulrich Michels (Corpus scriptorum de musica 17, 1972) S.65［運動の尺度］. Arithmetica speculativa I, 1, hg. von Hubertus L. L. Bussard, Die ›Arithmetica speculativa‹ des Johannes de Muris, Scientiarum Historia 13 (1971) S.103-132, hier S.116.［数字の区別］. 生涯と天文学的および占星学に関する著作については Michels（注137）S.1-15, 69-75［時間と数字について］を参照。 音楽理論の前段階については注137を参照。

（158） Ferdinand Kaltenbrunner, Die Vorgeschichte der Gregorianischen Kalenderreform (Sitzungsberichte der

Österreichischen Akademie der Wissenschaften Phil.-hist. Kl. 82/3, 1876) S.289-414, hier S.315-322〔『聖句集』を取り巻く環境について〕. そのテキストを編集して重要性を評価したのが Christine Gack-Scheiding, Johannes de Muris, Epistola super reformatione antiqui kalendarii (MGH Studien und Texte 11, 1995).

（159） Regule seu proprie canones qui dicuntur Pheffer Kuchel, hg. von Thorndike（注142）S.234-238. 引用は同書二三八頁より。

（160） Annemarie Maier, ›Erbegnisse‹ der spätscholastischen Naturphilosophie, jetzt in: Dies., Ausgehendes Mittelalter. Gesammelte Aufsätze zur Geistesgeschichte des 14. Jahrhunderts 1 (1964) S.425-457〔要約〕. 個々の運動説についてはEdward Grant, Das physikalische Weltbild des Mittelalters (1980) S.66-105を参照。ノースが出版した中期英語の計算者（Calculatours）リストでは、一四世紀末には天文学者や占星術師の名も記されていた。North（注156）Bd.3 (1976) S.140f.

（161） White（注144）S.97-102; Jean Gimpel, Die industrielle Revolution des Mittelalters (1980) S.147-168〔ギャンペル『中世の産業革命』坂本賢三訳、岩波書店、一九七八年〕. 上記の研究はどちらも技術信仰が強すぎる。精神的な変化についてはJean Leclercq, Zeiterfahrung und Zeitbegriff im Spätmittelalter, in: Antiqui und moderni. Traditionsbewußtsein und Fortschrittsbewußtsein im späten Mittelalter, hg. von Albert Zimmermann (Miscellanera Mediaevalia 9, 1974) S.1-20を参照。社会史的な環境についてはFerdinand Seibt, Die Zeit als Kategorie der Geschichte und als Kondition des historischen Sinns, in: Die Zeit（注24）S.145-188, hier S.164-173を参照。物理的な前提についてはJanich（注16）S.228-245を参照。包括的ながらも近代の視点に特化した研究がLandes（注5）S.70-82である。

（162） Jenzen（注59）S.11-36; Gerhard Dohrn-van Rossum, Die Geschichte der Stunde. Uhren und moderne Zeitordnung (1992)〔アストロラーべと水時計を組み合わせた機械時計の誕生について〕〔ロッスム『時間の歴史』藤田

幸一郎他訳、大月書店、一九九九年〕; Klaus Maurice, Die deutsche Räderuhr. Zur Kunst und Technik des mechanischen Zeitmessers im deutschen Sprachraum 2 (1976) S.16f. Nr.34〔ニュルンベルク市の時計について〕; ebd. Bd.1 (1976) S.33f.〔当地での時間区分について〕. ベーダについては注59を参照。Uhr（時計）の語については Grimm（注62）Bd.23 (1936) Sp.731-738を参照。

（163） Hermann Heimpel, Der Mensch in seiner Gegenwart. Acht historische Essais (21957) S.11, 49f., 59f.〔非同時性と歩調の相違〕. 時計のメタファーについては Otto Mayr, Die Uhr als Symbol für Ordnung, Autorität und Determinismus, in: Die Welt als Uhr. Deutsche Uhren und Automaten 1550-1650, hg. von Klaus Maurice - Otto Mayr (1980) S.1-9, hier S.2f. を参照。本のメタファーについては注107を参照。

（164） Heinrich Seuse, Horologium sapientia, Prologus, hg. von Pius Künzle (1977) S.364f. 同書の序論も参照。Ebd. S.55-71; Leclercq（注161）S.17-19.

（165） Reiner Dieckhoff, Antiqui - moderni. Zeitbewußtsein und Naturerfahrung im 14. Jahrhundert, in: Die Parler und der schöne Stil 1350-1400. Europäische Kunst unter den Luxemburgern, hg. von Anton Legner, 3 (1978) S.67-93, hier S.67f.〔ロレンツェッティ〕. 専門知識に基づいた解釈については Ernst Jünger, Das Sanduhrbuch (1954) S.119-192〔ユンガー『砂時計の書』今村孝訳、講談社学術文庫、一九九〇年〕を参照。航海のみに関する解釈については Robert T. Balmer, The Operation of Sand Clocks and Their Medieval Development, Technology and Culture 19 (1978) S.615-632を参照。イシドルスについては注48を参照。

（166） Richard von Wallingford, Tractatus horologici astoronomici, hg. von North（注156）Bd.1, S.444-523〔時計〕. 以下も参照。Ebd. Bd.2 S.315-320, 361-370; Landes（注5）S.83f. Declaraciones super kalendarium regine, hg. von North, Bd.1 S.558-563〔ホロスコープ〕. ホロスコープについては以下も参照。Ebd. Bd.2 S.371-378. 包括的な研究は ders., Astorologie, in: Lexikon des Mittelalters I (1980) Sp.1141-1143 und ders., Horoscopes and History

(Warburg Institute Surveys 13, 1986) を参照。

(167) Nicole Oresme, Le Livre du ciel et du monde II, 2, hg. von Albert D. Menut- Alexander J. Denomy (1968) S. 282 [規則性], S. 288 [歩調]. 以下も参照。 Heribert M. Nobis, Astrarium, in: Lexikon des Mittelalters 1 (1980) Sp. 1134f.

(168) Jacques Le Goff, Die Arbeitszeit in der ›Krise‹ des 14. Jahrhunderts. Von der mittelalterlichen zur modernen Zeit, in: Ders., Für ein anderes Mittelalter. Zeit, Arbeit und Kultur im Europa des 5.-15. Jahrhunderts, hg. von Dieter Groch (1984) S. 29-42〔ル・ゴフ「一四世紀の〈危機〉における労働の時間」、『もうひとつの中世のために』所収、注122参照〕. 公共の機械時計が王の命令もなしに都市生活を規制した様子は、Jenzen（注59）S. 37-66 がフランクフルト・アム・マイン市を例に示している。ル・ゴフが開いた端緒をさらに細分化したのが Gerhard Dohrn-van Rossum, Zeit der Kirche, Zeit der Händler, Zeit der Städte, in: Zerstörung und Wieder-aneignung von Zeit, hg. von Rainer Zoll (1988) S. 89-119.

(169) Exhortatio ad concilium generale Constantiense super correctione calendarii c. 1, hg. von Giovannni Domenico Mansi, Sacrorum conciliorum nova et amplissima collectio 28 (1785) Sp. 371 [金銭]; c. 3 Sp. 374 [簡潔な真実]; c. 2 Sp. 372f. [暦算学と天文学]; c. 6 Sp. 380 [一年の長さとヘブライ人]. 以下も参照。 Kaltenbrunner（注158）S. 326-336. 公会議の暦算法に対する関係に最近の研究は興味を示さない。以下の研究の編集者による概観を参照。 Das Konstanzer Konzil, hg. von Ramigius Bäumer (Wege der Forschung 415, 1977) S. 3-34.

(170) Geoffrey Chaucer, A Treatise on the Astrolabe I, 21, in: The Works, hg. von Fred N. Robinson ([2]1957) S. 549 ›*to calcule & Calculer*‹（*calculator* は注93および99）; Prologue S. 546 [天文学者と暦表]; I, 11 S. 547 [暦]. 天文学、暦表、*to calcule* については以下の作品にも見られる。 The Canterbury Tales I, 1261-1284 S. 141. The Romaunt ot the Rose B. 5026 S. 612 ›*compte*‹. チョーサーのアストロラーベについては Borst（注20）S. 100f. を参照。

(171) The Booke of the Pylgrymage of the Sowle V, 1, hg. von Katherine I. Cust (1859) S.73f.［「この暦算法（*compute*）」、すなわち *seculum* を世紀と同一視することが「暦製作における暦算家（*Competisiter*）」の仕業であることについて］. 作者の問題については ebd. S.IV; Walster F. Schirmer, John Lydgate. Ein Kulturbild aus dem 15. Jahrhundert (1952) S.104を参照。 *computacioun* については Middle English Dictionary, hg. von Hans Kurath u.a., 2/1 (1959) S.478を参照。

(172) Nikolaus von Cues, Die Kalenderverbesserung. De correctione kalendarii c.2, hg. von Viktor Stegemann - Bernhard Bischoff (1955) S.14［厳密な真実］, S.18［人間の悟性］; c.10 S.84［不均衡］, S.86［昔の規則性］; c.9 S.80［天文学者の流儀］; c.3 S.22［暦算家のやり方］; c.7 S.56［誤った固定化］; c.8 S.68-72［改革案］; c.9 S.76-80［ヘブライ人とギリシア人］; c.10 S.86-66［異論］. 以下も参照。 Ebd. S.XIII-LXXVIII: Erich Meuthen, Nikolaus von Kues 1401-1464. Skizze einer Biographie (^{6}1985) S.39f. Zemanek（注8）S.30, 32 で示されている通り、ビザンチンの東方正教会暦は実際に今日に至るまでもっとも正確な暦と見なされている。

(173) Rudolf Klug, Johannes von Gmunden, der Begründer der Himmelskunde auf deutschem Boden (Sitzungsberichte der Österreichischen Akademie der Wissenschaften Phil.-hist. Kl. 222/4, 1943) S.71-85; Konradin Ferrari d'Occhieppo, Die Osterberechnung als Kalenderproblem von der Antike bis Regiomontanus, in: Regiomontanus-Studien, hg. von Günther Hamann (Sitztungsberichte der Österreichschen Akademie der Wissenschaften Phil.-hist. Kl. 364, 1980) S.91-108, hier S.105f.

(174) Nicolaus Copernicus, De revolutionibus, Praefatio. hg. von Heribert M. Nobis - Bernhard Sticker (1984) S.4f.［暦法改革と天界の機構］; III, 11 S.213f.［年代算出と歴史］. 以下も参照。 Hans Blumenberg, Die Genesis der kopernikanischen Welt 1 (1981) S.247-271［真実の概念について］, Bd.2 (1981) S.503-606［時間の概念について］. ここで暦の問題（S.533）は不当な扱いを受けている。 アストロラーベの軽視については Borst（注20）S.102-105

を参照。

（175） 農民暦については Nils Lithberg, Computus, med särskild hänsyn till runstaven och den borgerliga kalendern (1953) S. 104-210, 244-282; Ludwig Rohner, Kalendergeschichten und Kalender (1978) S. 33-35 を参照。オーストリアやスイスではこの種の農民暦がいまだに印刷に付されている。

（176） Paul Lehmann, Einteilung und Datierung nach Jahrhunderten, in; Ders.（注42）Bd. 1 (²1959) S. 114-129. より正確な研究が Johannes Burkhardt. Die Entstehung der modernen Jahrhundertrechnung. Ursprung und Ausbildung einer historiographisen Technik von Flacius bis Ranke (1971) S. 11-28 ; Arndt Brendecke, Die Jahrhundertwenden. Eine Geschichte ihrer Wahrnehmung und Wirkung (1999) S. 75-81.

（177） Friedrich K. Ginzel, Handbuch der mathematischen und technischen Chronologie 3 (1914) S. 257-266［ディテール］. 最新の包括的解説は Gregorian Reform of the Calendar, hg. von George V. Coyne (1983) を参照。数学的－年代学的な最新の批判は Zemanek（注8）S. 29-34を参照。影響史についての最新の概観は Gerhard Römer, Kalenderreform und Kalenderstreit im 16. und 17. Jahrhundert, in: Kalender im Wandel der Zeiten, hg. von der Badischen Landesbibliothek (1982) S. 70-84 を参照。〈ローマ・ミサ典礼書〉についての個性的な見解は Joachim Mayr, Der Computus ecclesiasticus, Zeitschrift für katholische Theologie 77 (1955) S. 301-330 を参照。

（178） Giordano Bruno, L'asino cillenico del Nolano, in: Dialoghi italiani, hg. von Giovanni Aquilecchia (³1958) S. 922. 以下も参照。Frances A. Yates, Giordano Bruno in der englischen Renaissance (1989) S. 69-82; Gerhart von Graevenitz, Mythos. Zur geschichte einer Denkgewohnheit (1987) S. 1-33.

（179） Montaigne, Essais III, 10, hg. von Maurie Rat, 2 (1962) S. 455f.［別の自分］; III, 11 S. 472［年代計算］. 以下も参照。Hans Blumenberg, Lebenszeit und Weltzeit (²1986) S. 148-152. *computiste* の後期の意味内容については注193を参照。

(180) Joseph Justus Scaliger, Opus novum de emendatione temporum (1583) S. 294-379［十民族の暦算法］; S. 380-431［独自の記述］, hier S. 405 ›doctrina annalis‹. 以下も参照。Walter E. van Wijk, Het eerste leeboek der technische tijdrekenkund (1954) S. 1-6 ; Anthony Grafton, Joseph Scaliger. A Study in the History of Classical Scholarship 2 (1993) S. 143-357.

(181) Joseph Justus Scaliger, Thesaurus temporum, Faksimile, hg. von Hellmut Rosenfeld - Otto Zeller, 1, (1968) Teil 1 S. 1-197［エウセビオスとヒエロニュムス］; Bd. 2 (1968) Teil 3 S. 240 ›*computus manualis*‹, S. 117［時間］, S. 276 ›*chronologi*‹, S. 308［アルフォンス王とコペルニクス］, S. 276-309 ›*tempus historicum*‹, S. 273f., 309f. ›*tempus prolepticon*‹, S. 274f. ›*computus ecclesiasticus*‹, S. 277 ›*computatores*‹. 以下も参照。Grafton（注180）S. 489-751［歴史的文脈について］, Zemanek（注8）S. 61-74, 122-129［現代の時間制度に至るまでの数学的 - 年代学的一貫性について］. スカリゲルならば、我々が例として使っている日付一九八八年三月二日一八時を 2447223.75 と書いたことだろう。

(182) Adalbert Klempt, Die Säkularisierung der universalhistorischen Auffassung. Zum Wandel des Geschichtsdenkens im 16. und 17. Jahrhundert (1960) S. 81-89 では先駆者を捜す際にもっとも重要な人物であるベーダを見落としている（注63）。先駆者を全員無視したのが Kaletsch（注97）S. 80 である。

(183) Bruno von Freytag Löringhoff, Wilehlm Schickard und seine Rechenmaschine von 1623, in: Dreihundertfünfzig Jahre Rechenmaschinen, hg. von Martin Graef (1973) S. 11-20, hier S. 11f.［引用箇所］. 以下も参照。Michael R. Williams, A History of Computing Technology (1985) S. 123-128.

(184) Pascal, La machine d'arithméthique, in: Oeuvres complètes, hg. von Louis Lafuma (1963) S. 187-191［記述］. De l'esprit géométrique S. 349-351［時間と数字］. Pensées Nr. 199-72 S. 526f.［神と人間］, Nr. 456-618 S. 561［ユダヤ人］, Nr. 82-252, S. 604 ›*automate*‹, Nr. 741-340 S. 596［思考機械］. 以下も参照。Williams（注183）S. 128-134; Herbert

Heckmann, Die andere Schöpfung. Geschichte der frühen Automaten in Wirklichkeit und Dichtung (1982) S. 90f. 一七世紀における世界像の機械化については、同書一六五から二〇九頁で、ひどく乱雑ながらも有益な個々の情報を得られる。

(185) Ludolf von Mackensen, Von Pascal zu Hahn. Die Entwicklung von Rechenmaschinen im 17. und 18. Jahrhundert, in: Dreihundertfünfzig Jahre（注183）S. 21-22; Williams（注183）S. 134-150［概論］, S. 92-97［ショット］.

(186) Des Abenteurlichen Simplicissimi Ewig-währender Calender, Faksimile, hg. von Klaus Habermann (1967) S. 4f.［六つの欄の内容］; S. 60 (II) b［三月一八日］, S. 45a［暦作成者］, S. 11a［時間の定義］, S. 29a-31a［天地創造の日付］, S. 39a［復活祭］, S. 47a-49a［暦の歴史］, S. 91a［暦作者の嘘］. 慣用句については Grimm（注62）Bd. 11 (1873) Sp. 63を参照。作品については Habermann, Beiheft (zur Faksimile-Ausgabe, 1967) S. 15-46; Rohner（注175）S. 119-158 を参照。ヘーベルの『ラインラントの家庭の友』では、「我々占星家および暦作成者は」という言葉に、さらに風刺的な意味と学問的な意味が込められている。Johann Peter Hebel, Der Rheiländische Hausfreund 1808-1819, Faksimile, hg. von Ludwig Rohner (1981) S. 146.

(187) Pseudodoxia epidemica VI, 1, in: The Works of Sir Thomas Browne, hg. von Geoffrey Keynes, 2 (^{2}1964) S. 409 ›*exact compute*‹, S. 403［ベーダとスカリゲル］; VI, 4 S. 419 ›*Computers*‹; VI, 8 S. 454f. ›*Computists*‹. 以下も参照。Borst, Der Turmbau von Babel, Geschichte der Meinungen über Ursprung und Vielfalt der Sprachen und Völker 3/1 (1960) S. 1317f.

(188) Swift, A Tale of a Tub c. 7, in: Prose Works, hg. von Herbert Davis, 1 (1965) S. 91-93. *Computer* という語に対するさらに新しい資料は The Oxford English Dictionary, hg. von James A. Murray u. a., 2 (1933) S. 750 を参照。

(189) Swift, Gulliver's Travels III, 5, hg. von Davis（注188）Bd. 11 (1965) S. 182-185［奇妙な挿絵付］. 以下も参照。Klaus Arnold, Geschichtswissenschaft und elektronische Datenverarbeitung (Historische Zeitschrift Beiheft N. F. 3, 1974)

S.98-148, hier S.101f.;一八世紀における自動機械に対する熱狂と批判の枠組みにおいては Heckmann（注184）S.235-280を参照。

(190) Koselleck（注33）S.9-13［一般的な変化について］．しかし筆者ならば、歴史年代学と物理的‐天文学的クロノメーターの革新を「自然な一時代」ではなく、「歴史的な複数の時代」に帰するだろう。クロノメーターについては Landes（注5）S.129f., 145-186 ; Anthony J. Turner, On Time and Measurement. Studies in the History of Horology and Fine Technology (Collected Studies Series 407, 1993) を参照。より簡潔な研究が Dava Sobel und William J. H. Andrewes, Längengrad (1999).

(191) Leibniz, Nouveaux essais sur l'entendement humain, Préface, in: Die philosophischen Schriften, hg. von Carl I, Gerhardt, 5 (1882) S.48［現在］; II, 14 S.138-140［時間］; II, 16 S.143［数字］．以下も参照。Böhme（注12）S.195-256, hier S.199［ニュートンの引用］; Manfred Eigen, Evolution und Zeitlichkeit, in: Die Zeit（注24）S.35-37; 歴史的な時間については最終的に Waldemar Voisé, On Historical Time in the Works of Leibniz, in: The Study of Time, hg. von Julius T. Frase - Nathaniel Lawrence, 2 (1975) S.114-121 を参照。

(192) Giambattista Vico, La scienza nuova seconda I, 1, hg. von Fausto Nicolini ([4]1953) S.37-72［年表］; X, 1-2 S.357-364［詩的年代学］．以下も参照。Friedrich, Meinecke, Die Entstehung des Historismus, in: Werke 3, hg. von Carl Hinrichs (1965) S.53-69. マイネッケは同頁でもそれ以降の箇所でも年代学の局面を考慮していない。これより的を射た分析は Graevenitz（注178）S.65-84; Hans Robert Jauß, Mythen des Anfangs: Eine geheime Sehnsucht der Aufklärung, in; Ders., Studien zum Epochenwandel der ästhetischen Moderne (1989) S.23-66, hier S.23-31 を参照。

(193) Voltaire, Essai sur les moeurs et l'esprit des nations c.1, hg. von René Pomeau, 1 (1963) S.205-209. 以下も参照。Meinecke（注192）S.73-115, hier S.76［市民階級］．Zemanek（注8）S.93 によれば、中国の周期はヴォルテールの記述より少し早い紀元前二六三七年に始まった。Encylopédie ou dictionnaire raisonné des sciences, des arts et

des métiers, hg. von Denis Diderot, 3 (1753) S.798. 同箇所は *comput* を、主として暦計算のための年代学的な *calcul* と定義している。注148にあるように、*computiste* は教皇庁の財務官吏でしかなかった。

(194) Johann Gottfried Herder, Unterhaltungen und Briefe über die ältesten Urkunden, in: Sämtliche Werke, hg. von Bernhard Suphan, 6 (1883) S.180-187. 以下も参照。Meinecke（注192）S.359-386; Graevenitz（注178）S.84-88.「年代計算（*Zeitrechnung*）」のその他の資料は Grimm（注62）Bd.31 (1956) Sp.570f. を参照。

(195) Serge Bianchi, La révolution culturelle de l'an II, Élites et peuple 1789-1799 (1982) S.198-203; Zemanek（注8）S.100f.; Michael Meizner, Der französische Revolutionskalender und die ›Neue Zeit‹, in: Die Französische Revolution als Bruch des gesellschaftlichen Bewußtseins, hg. von Reinhart Koselleck - Rolf Reichardt (1988) S.27-31; Michael Meinzer, Der französische Revolutionskalender. Planung, Durchführung und Scheitern einer politischen Zeitrechnung (1992). 最後の引用は Georges Duby - Guy Lardreau, Geschichte und Geschichtswissenschaft. Dialoge (1982) S.63 より。

(196) Leopold von Ranke, Über die Epochen der neueren Geschichte, in: Aus Werk und Nachlaß, hg. von Theodor Schieder u.a., 2 (1971) S.58-63 ›Epochen‹; dazu Burkhardt（注176）S.101-109. Jacob Burckhardt, Über das Studium der Geschichte, hg. von Peter Ganz (1982) S.108［道具］, S.276［時計］. 最後の引用文は Schieder（注21）S.80より。モムゼンについては注61、クルシュについては注37、38、52を参照。ドイツ・ロマン派の似たような反応については Peter Utz, Das Ticken des Textes. Zur literarischen Wahrnehmung der Zeit, Schweizer Monatshefte (1990) S.649-662を参照（グスタフ・ジーベンマン氏の示唆による）。

(197) Henning Eichberg, Der Umbruch des Bewegungsverhaltens. Leibesübungen, Spiele und Tänze in der Industriellen Revolution, in: Verhaltenswandel in der Industriellen Revolution, hg. von August Nitschke (1975) S.118-135; Landes（注5）S.4-6, 103f. 筆者は Maurice（注162）Bd.1 S.284に従い、ストップウォッチの始まりはア

イヒベルクの見解よりも遅いと考えている。

(198) Thomas Nipperdey, Deutsche Geschichte 1800-1866. Bürgerwelt und starker Staat (⁴1985) S.227-230〔始まりについて〕. Rolf Hackstein, Arbeitswissenschaft im Umriß 2 (1977) S.412-424〔テイラー〕. この Umkreis については David S. Landes, Der entfesselte Prometheus. Technologischer Wandel und industrielle Entwicklung in Westeuropa von 1750 bis zur Gegenwart (1973) S.297-302〔ランデス『西ヨーロッパ工業史』石坂昭雄他訳、みすず書房、一九八〇—八二年〕を参照。

(199) Herbert G. Wells, The Time Machine c.3, in: The Collected Essex Edition 16 (1927) S.21 und c.12 S.94〔箱時計〕; c.4 S.32〔主の年〕; c.11 S.88〔日数の目盛〕. 以下も参照。 Michael Salewski, Zeitgeist und Zeitmaschine. Science Fiction und Geschichte (1986) S.121-142.

(200) Rolf Oberliesen, Information, Daten und Signale. Geschichte technischer Informationsverarbeitung (1982) S.195-202, 212-248; Williams (注183) S.150-158〔シャルル・X・トーマスの *arithmomètre* とドル・E・フェルトの *Comptometer*〕. ホレリスの *Counters* は The Origins of Digital Computers. Selected Papers, hg. von Brian Randell (1973) S.135f. を参照。 ブルケからの引用の全文は Borst (注62) S.663 を参照。

(201) A Supplement to the Oxford Englisch Dictionary, hg. von Robert W. Burchfield, 1 (1972) S.601 〔一八九七年のコンピューター〕. 天文学者たちの試みについては Das zweite Vatikanische Konzil. Konstitutionen, Dekrete und Erklärungen, hg. von Herbert Vorgrimler, 1 (1966) S.108f. を参照。 バチカン公会議そのものは暦法改革 (ebd. S.106-109) および教会暦年 (ebd. S.86-95) に関する一九六三年のラテン語表明で暦算法《コンプトゥス》の語をもはや使わなかった。

(202) Oberliesen (注200) S.219〔統計コンピューター〕, S.228 〔ホレリスの会社名〕（ロタール・ブルヒャルト氏の示唆による）.

(203) Heidegger, Sein und Zeit §80-81, in: Gesamtausgabe, hg. von Friedrich-Wilhelm von Herrmann, 1/2 (1977) S.543-564. 以下も参照。 Charles M. Sherover, The Human Experience of Time. The Development of Its Philosophical Meaning (1975) S.455-465. より批判的な研究は Ernst Pöppel, Erlebte Zeit und die Zeit überhaupt. Ein Versuch der Integration, in: Die Zeit (注24) S.369-382 を参照。

(204) The Origins (注200) S.241-246［一九四〇年のジョージ・R・スティビッツにおけるコンピューターと計算機《コンピューティング・》械《マシーン》］; S.305-325［一九四〇年のジョン・V・アタナソフも同様だが、三〇六頁の *expert computer* とは人間を指していた］; S.355-364［一九四五年のジョン・フォン・ノイマンにおけるコンピュターと計算装置《コンピューティング・ディヴァイス》］.

(205) Paul Robert, Dictionnaire alphabétique et analogique de la langue française 6 (^{2}1985) S.967. しかし注210も参照。暫くの間ドイツ語での使用例を定めたのは Karl Steinbuch, Die informierte Gesellschaft. Geschichte und Zukunft der Nachrichtentechnik (^{2}1968) S.151 である。同書は、「電子頭脳（*Elektronengehirn*）」や「思考機械（*Denkmaschine*）」の語は避けて、「コンピューター（*Computer*）」を機械の名称に充て、「計算者（*Rechner*）」は人間用にすべきだと提案している。

(206) Abacus elemnts bei Atanasoff 1940, in: The Origins (注200) S.308. Goldstine (注8) S.39 はコンピューターとしての算盤について慎重に言及している。その点をあまり気にかけていない研究が Edgar P. Vorndran, Entwicklungsgeschichte des Computers (1982) S.19-22 である。比較的新しいコンピューターが行う主として非数値データの処理方法については Weizenbaum (注8) S.107-154 を参照。ベーダについては注55、ジェルベールについては注92。

(207) Lewis Mumford, Mythos der Maschine. Kultur, Technik und Macht (1974) S.325f., 537f., 551〔マンフォード『技術と人類の発達』樋口清訳、河出書房新社、一九七一年〕. 同書は機械時計とコンピューターの連続性を誇張している。その点は以下の研究も同じである。 Weizenbaum (注8) S.40-46; Peter Gendolla, Die Einrichtung der

Zeit. Gedanken über ein Prinzip der Räderuhr, in: Augenblick und Zeitpunkt. Studien zur Zeitstruktur und Zeitmetaphorik in Kunst und Wissenschaften, hg. von Christian W. Thomsen - Hans Holländer (1984) S.47-58, hier S.53f. Seibt（注161）S.183-185 は中世の視点から断絶を描く。Landes（注5）S.186f., 352f., 376f. は現代の視点から、「クオーツ革命」を導く断絶を描く。《修正された秒》についてもっとも専門的および客観的に報告しているのは Zemanek（注8）S.103-110 である。

（208）Goldstine（注8）S.342-347 は、産業革命と独自の「コンピューター革命」を区別しようとしたパイオニアの矜持をもって述べている。より慎重な研究は Carlo Schmid, Die zweite Industrielle Revolution, in: Propyläen-Weltgeschichte, hg. von Golo Mann, 10 (1961) S.423-452, hier S.438-444 を参照。

（209）Herman H. Goldstine, New and Full Moons 1001 B.C. to A.D. 1651 (1973) S. Vf.〔天文学的年代学〕. 近代における前史については Ders.（注8）S.8, 27-30, 108, 327 を参照。ヘルマンについては Borst（注98）S.436-440 を参照。歴史的年代学の提唱については Carl A. Lückerath, Prolegomena zur elektronischen Datenverarbeitung im Bereich der Geschichtswissenschaft, Historische Zeitschrift 207 (1968) S.265-296, hier S.284f. を参照。ユリウス通日およびフランスの革命暦に対するスカリゲルの情熱的な賛同は、詩人シュミットの作品に見られる。Arno Schmidt, Trommler beim Zaren (1966) S.183-191, 196-206. スカリゲルの質問に興味を示さない研究が Epochenschwelle und Epochenbewußtsein, hg. von Reinhart Herzog - Reinhart Koselleck (Poetik und Hermeneutik 12, 1987) である。

（210）Fernand Braudel, Geschichte und Sozialwissenschaften. Die *longue durée*, jetzt in: Bloch（注122）S.47-85, hier S.70〔引用箇所〕〔ブローデル「長期持続—歴史と社会科学」、『フェルナン・ブローデル 1902-1985』所収、井上幸治編・監訳、新評論、一九八九年〕. 一九五八年のオリジナルでは、コンピューターを表わすのに *ordinateur*〔計算者〕ではなく ***machine à calculer***〔計算する機械〕の語が使われていた。〈計量経済史〉的な結論に関しては Michael

Erbe, Zur neueren französischen Sozialgeschichtsforschung. Die Gruppe um die ›Annales‹ (1979) S. 94-106 を参照。

(211) Weizenbaum（注8）S. 9［引用箇所］. Ersnt Jünger, An der Zeitmauer (1959)〔ユンガー『時代の壁ぎわ』今村孝訳、人文書院、一九八六年〕. 同書は計算機械（*Rechenmaschinen*）の及ぼす影響を軽視しているが（S. 136）、無数に生じた抵抗運動のひとつとして、天文学的な関心が最近高まってきたことは認識している（S. 19-71）。

(212) Brockhaus Enzyklopädie 4 ([19]1987) S. 651-653. 一九七四年の同様に熟慮の足りない言語の使用については、中世学者 Arnold（注189）S. 102f を参照。

(213) Peter-Johannes Schuler, Datierung von Urkunden, in: Lexikon des Mittelalters 3 (1986) Sp. 575-580［日付］. Esch（注153）S. 18-25［世代］.

(214) Zemanek（注8）S. 11f., 47, 110-114. 最後の引用文は一一四頁。

(215) Julius T. Fraser, Die Zeit: vertraut und fremd (1988) S. 380-431.

(216) 千年紀《ミレニアム》について最良の研究は以下を参照。Stephen J. Gould, Der Jahrtausend-Zahlenzauber. Durch die Scheinwelt numerischer Ordnungen (englisch 1997, deutsch 1999)〔グールド『暦と数の話』渡辺政隆訳、早川書房、一九九六年〕; Das Jahrtausend im Spiegel der Jahrhundertwenden, hg. von Lothar Gall (1999).

(217) Reinhart Koselleck, Wie neu ist die Neuzeit? Historische Zeitschrift 251 (1990) S. 539-553.

(218) Bachmann, Die gestundete Zeit, in: Werke, hg. von Christine Koschel u. a., 1 (1978) S. 37. ハイデガーの結びの言葉をほのめかしている。Heidegger（注203）§ 83 S. 577. これは Horst Fuhrmann, Einladung ins Mittelalter (1987) S. 22 が原文を分解して引用している。

訳者あとがき

本書はArno Borst: Computus. Zeit und Zahl in der Geschichte Europas. (Dritte, durchgesehene und erweiterte Auflage, Verlag Klaus Wagenbach, Berlin, 2004) の翻訳である。

著書アルノ・ボルストは一九二五年五月八日にウンターフランケンのアルツェナウで督学官の父と教員の母の間に生まれた。第二次世界大戦で兵役および捕虜生活を体験した後、一九四五年から一九五一年までゲッティンゲンとミュンヘンの大学で歴史とドイツ語、ラテン語を専攻した。一九五一年にカタリ派に関する研究で博士号を取得し、本書の序でも言及されているミュンスター大学歴史学科の教授へルベルト・グルントマンのもとで助手を務めた。学部賞を授けられた先の学位論文は一九五三年に書籍として出版されたが(『中世の異端カタリ派』藤代幸一訳、新泉社、一九七五年)、「南フランスの宗教運動に関する基準的学術書」(『ツァイト』紙)として今でも高い評価を受けている。一九五七年にミュンスターにて大学教授資格を得ると、エルランゲン大学教授を経て、一九六八年にコンスタンツ大学に歴史学教授として招聘された。この間、専門分野での論文が矢継ぎ早に発表される一方で、独力で書き上げた全六巻に及ぶ記念碑的著作『バベルの塔の建設―諸言語と諸民族の起源と多様性に関する見解の歴史』（一九五七―六三年）は、ドイツ学術振興会賞（一九五六年）およびゲッティンゲン科学アカデミー賞（一九六六年）を受賞し、ボルストの名声はおおいに高まった。さらに一九七三年に刊行された『中世の巷にて―環境・共同体・生活形式』（永野藤夫・青木誠之・井本晌二訳、平凡社、一九八六―八七年）は日本をはじめ各国で翻訳され、中世史研究者としてのボルストの名をドイツの一般読者層のみならず広く世界に知らしめることになる。一九八三年から九六年まではドイツ中世の史料集を網羅的に編集・刊行する「モヌメンタ・ゲルマニアエ・ヒストリカ（MGH）」の編集委員としても活躍した。受賞歴について言えば、その後も一九八二年のジークムント・フロイト賞、八六年のドイツ歴史コロキウム賞、九五年のグリム兄弟賞など枚挙に暇がない。一九九六年にはバルザック賞（歴史部門）で得た賞金をもとに「中世史研究奨励のためのアルノ・ボルスト財団」を設立する。一九九八年にはドイツ連邦共和国功労勲章一等功労十字章を授与された。一九九〇年の退官後も精力的に研究を続けていたが、二〇〇七年四月二四日に病没する。享年八一歳。二〇〇九年には、遺稿をもとに自伝的回顧録『我が歴史』が出版された。同書は歴史研究のみならず、ドイツ連邦共和国の精神史の貴重な記録としても評価されている。

ドイツ語版ウィキペディアの記述では、ボルストは「西暦五〇〇年頃から一五〇〇年頃まで中世の広範囲に及ぶ領域のほぼすべてをカバーする数少ない歴史家の一人」と見なされている。そして追悼文を書いたフーアマン博士によれば、ボルストの研究がきっかけとなり、「中世の命名理論」「カール大帝」

「シュタウフェン朝の神話」「大学の成立」と様々なテーマの研究が盛んとなった。彼の著作を評価するのは研究者ばかりではなく、一般読者からの人気も高い。多くの著書がドイツではいまだに版を重ね、『中世の巷にて』は現在まで二〇版以上に達しており、二〇〇九年にも『ボーデン湖畔の修道士』（一九七八年）の新版が発売されている。

一一世紀ライヒェナウの修道士だった不具のヘルマンは『音楽論』を著し、携帯用の日時計を作成し、アラビアの書物から数学の知識を西洋にもたらし、中世史の重要な史料のひとつである年代記を残すなど多方面に及ぶ功績で知られる万能の学者である。本書でもヨーロッパにおいて「暦算学、殉教者列伝、年代記の三大ジャンルが織り成す広範な専門領域をマスターした最後の人物」と呼ばれている。前述の追悼文によれば、そのヘルマンの業績の意義を指摘したのもボルストの功績のひとつだった。ボルストはヘルマンの数字理論と暦計算を出発点として、一一世紀にヴォルムスとヴュルツブルクの大聖堂付属学校の間で繰り広げられた論争から生じた「数字競技」を復元し、これを『中世の数字競技』（一九八六年）にまとめた。この時から「中世の暦」との本格的な取り組みが始まり、晩年に至るまでの著作はカール大帝の時代（八世紀）から不具のヘルマンの時代（一一世紀）に至るヨーロッパにおける暦の発展を主たるテーマとするようになる。

序にも書かれている通り、中世の暦算法に関する研究の最初のアウトラインは一九八八年三月二日水曜日の一八時に始まった講義で描かれた。これは同年、先に触れたMGHが発行する雑誌『中世研究のためのドイツ論叢』四四号に、約八〇頁の論文「暦算法―中世における時間と数」として発表される。

また同じ年に『アラビアの天文学はどのようにしてライヒェナウ修道院に伝わったか』、翌年に『世紀転換期におけるアストロラーベと修道院改革』が刊行されているが、本書を読まれた方ならこれらのテーマと暦の深い関連も理解されるだろう。

そして一九九〇年、先の論文を中核に古典古代および近世から現代に至る部分をボリュームアップして一冊の本にまとめた本が『暦算法—ヨーロッパ史における時間と数』と題してヴァーゲンバッハ社から出版された。暦に関するボルストの研究は続き、九〇年代には『暦作成について』(一九九五年)、『カロリング朝の暦法改革』(一九九八年)が発表される。

二〇〇〇年問題が話題になった一九九九年は、新世紀を目前にしたこともあってヨーロッパ暦への興味の高まりから関連書の出版が増え、日本でも翻訳を含めて数々の書籍が刊行された。その幾つかには、本書の第一版が重要な文献として言及されていることも述べておこう。この機に全面的に加筆訂正された第二版がDTV社から出版された。

そして今世紀に入り発表された『カロリング朝の帝国暦と一二世紀までのその伝承』(二〇〇一年)の成果を織り込み、オットー大帝の暦法改革に関する記述などを追加した第三版が、二〇〇四年にふたたびヴァーゲンバッハ社から出版された。生前に出版された最後の著作は『七二一年から八一八年までのフランク王国における暦算学関連文書』(二〇〇六年)であり、これはタイトル通りの一七〇〇頁におよぶ文献集である。

本書の邦訳を『中世の時と暦—ヨーロッパ史のなかの時間と数』としたのは編集の判断によるもので

ある。原題の*Computus*は「暦算法」と和訳しても、そのまま「コンプトゥス」と表記しても、日本では一般に馴染みがない言葉であり、また母体が中世における時間理解を扱った論文だったために、中世に関しては全体の約半分を充てて世紀ごとに詳しく論じていることからも適切なタイトルであろう。ラテン語の動詞*computare*「指で数える」を語源とする*computus*は、ヨーロッパ中世では特に六世紀以降は基本的に「復活祭の日付を確定するための暦計算」の意味で使われた。広い意味では「年代計算*Zeitrechnung*」と同義なのだが、本書では「暦算」の語を充てた。著者がキーワードとしていることばかりでなく、カール大帝のフランク王国で*compotist*が称号扱いされたという記述や、「暦算学による年代計算」という語も見られるからである（一部には「年代計算者*Zeitrechner*」と「暦算家*Compotist*」を同一視するかのような記述も見られるが、使い分けは原書のままとした）。

タイトル通り、本書の記述の主な対象は暦であり、その計算法、改革の歴史である。しかし暦とは人間の時間に対する見解の具象化だとすれば、暦の歴史は時間概念を具体化する努力の歴史でもある。

古代から人間は目前で繰り広げられる自然現象を通じて時間の存在に気づきながらも、なす術もなく時の流れを傍観するしかなかった。しかし、操作はできなくとも、整理して利用できることにやがて気づき、様々なアプローチが試みられた。天体観測に基づき、思弁的な秩序付けを暦の形で表わし、物理的には日時計・水時計の形で利用したのである。この時に手段とされたのが数字である。抽象的で捕えようのない時間を、抽象的であると同時に具体的な存在である数字を介することで具象世界に顕現させたのだ。時間の担当者は、無限の世界に秩序をもたらそうとする哲学者だったこともあれば、現実世界の統一と管理を図る為政者だったこともあるが、ヨーロッパで主たる担い手を務めたのは、精神世界の管理を通して現実世界に秩序をもたらそうとする聖職者だった。

しかし、キリスト教徒は世界の起点と終点を発見してはいたが、それらに挟まれた時間の体系化は容易に進まなかった。たとえば精密度を高めようにも、修道院の厳しい戒律は正確な時間計測を促すものの、敬虔な信仰心は一時間より小さな単位に抵抗する。浸透度を高めようにも、地方の指導者たるべき聖職者の理解不足という現実的な問題があり、日付や時間にむしろ正確さを求めない人間的な感情が邪魔をし、年代計算法そのものの精度にも問題が指摘される。その間に、そもそも神が授けた時間を数字を用いて具体化する行為そのものを冒瀆と見なす勢力が繰り返し現れる。さまざまな紆余曲折はあったが、それでも全体的に見れば、多方面からの様々なレベルでの要請に応じるように修正され細分化されつつ時間体系の構築は完成度を高めていった。近世以降、社会とともに人々の日常生活が変化すると、時間の詳細な分割と統一がすみやかに受け入れられ、神が創った天界の機構から読み取っていた時間は、職人が作る機械時計で示されるようになる。そしてこのような歴史的過程において、数字は管理・統一の手段としての側面を次第に強めていく。やがて時間の管理は聖職者の手から職人へと移り、現代では人間でさえないコンピューターの掌中に収められるようになると、二〇〇〇年問題に象徴されるように、世界が数字と時間に踊らされるように事態にも至ったのである。

ここであまりにも単純化して述べた過程は、本書を読まれた方にはお分かりのように実際は多層的で複雑である。これをコンパクトに一冊の書籍にまとめようとすれば、限られた視野での局所限定的な記述、あるいは大風呂敷を広げた果ての学説の寄せ集めになりかねない。しかしボルストは「暦算法」をキーワードとしたアプローチにより、古代から現代まで時間体験の具象化と取り組んだ人々の姿を通して、暦の変遷や時間計測器の発達の背後にある人間の時間理解の変遷を過不足なく見事に描いてみせたのである。

なお翻訳の底本としたのは、上記諸版のうちの第二版（一九九九年）だが、刊行にあたり第三版（二〇〇四年）と比較対照したうえで、本文については加筆部分を追加し、第V章のタイトルその他を変更した。注についても、全体にわたり約四〇箇所に及ぶ文献の追加・差替が行われていたが、これも可能な限りフォローした。その一方で、改行位置の相違や第三版で削除された文章については、混乱や矛盾が生じるものでない限りあえてそのままとした。しかしながら、諸般の事情で版の異同の確認に十分な時間が割けなかったこともあり、残念ながら見落とした箇所が残っているかもしれないことをお断りしておく。

ボルストの生涯・業績については、恩師藤代幸一先生が『中世の異端カタリ派』に付された「解説　中世カタリ派について」中の著者紹介記事（主として六〇年代までの経歴、著作目録など）、歴史学者ホルスト・フーアマン博士がバイエルン科学アカデミー発行の年鑑（二〇〇七年）に記した六頁に及ぶ追悼文、『ツァイト』紙の訃報（二〇〇七年四月二七日号）、ドイツ語版ウィキペディアの「アルノ・ボルスト」の項などを参考にさせていただいた。

訳者がにわか仕込みの知識で翻訳に挑んだために、専門用語の不適切な使用や解釈などに少なからざる誤りもあるかと思われるが、大方の御叱正をお待ちしたい。最後に、原稿に入念に目を通しての適切な助言、版の異同を確認する手間のかかる作業、専門用語に関する各種資料の準備、その他いろいろとお世話になった八坂書房の八尾睦巳氏に心から感謝したい。

津山拓也

二〇一〇年一一月

人名索引

【ア】

アーダルベルト（ベネディクトボイエルンの） Adalbert von Benediktbeuern 108

アード（ヴィエンヌの） Ado von Vienne 83-85

アウグスティヌス（ヒッポの） Augustinus von Hippo 39-42, 57, 59, 64, 86, 89, 91, 112, 120, 130, 172

アウグストゥス（ローマ皇帝） Augustus, römischer Kaiser 33-35, 160

アウレリアヌス（レオメの） Aurelian von Réomé 86, 104

アギウス（コルヴァイの） Agius von Corvey 82, 93, 111

アグネス（ボヘミア王女） Agnes von Böhmen 141

アタナソフ Atanasoff, John V. 195, 255

アダム（ブレーメンの） Adam von Bremen 116

アダム（聖書中の人祖） Adam, biblischer Urmensch 112

アッボ（フルリーの） Abbo von Fleury 91-95, 98, 100-01, 106, 113, 116, 127, 165, 180

アデラード（バースの） Adelard von Bath 237

アフェル（メソポタミアの） Afer von Mesopotamien 87

アフラ（アウクスブルクの） Afra von Augsburg 87

アブラハム（聖書中の父祖） Abraham, biblischer Patriarch 90

アベラール Abaelard, Peter 120-21, 130

アリストテレス（スタゲイラの） Aristoteles von Stagira 25-29, 38-40, 57, 120, 130, 143, 146,156, 172, 175, 181-82, 204, 213, 240

アル＝フワーリズミー al-Chwârizmî 123

アルクイン（ヨークの） Alkuin von York 77-8

アルフォンソ10世（カスティリア王、賢王） Alfons X. der Weise, kastilischer König 147, 158-60, 168

アルベルトゥス・マグヌス Albertus Magnus 130

アレクサンドル（ヴィラ・デイの） Alexander von Villedieu 126-27, 129, 134

アレクサンドル（ロエスの） Alexander von Roes 143, 165

イエス・キリスト Jesus Christus 35-37, 44, 50-52, 59, 62, 68, 89, 91, 112, 114-15, 124-26, 142, 145-146, 153, 163, 165, 168, 170, 183, 187, 223

イザヤ（聖書中の預言者） Jesaias, biblischer Prophet 138

イシドルス（セビリャの） Isidor von Sevilla 56-58, 60, 64, 78, 82, 93, 129, 154, 240

ヴァラフリート・ストラーボ（ライヒェナウの） Walahfrid Strabo von Reichenau 81, 86

ヴァンダルベルト（プリュムの） Wandalbert von Prüm 81, 86

ヴィーコ、ジャンバッティスタ Vico, Giambattista 182-83

ヴィクトリウス（アキテーヌの） Victorius von Aquintanien 60-61

ウィトルウィウス・ポリオ Vitruvius Pollio 30, 33, 46, 49, 137, 139

ウィリアム（マームズベリーの） Wilhelm von Malmesbury 117

ウィリブロード（エヒテルナッハの） Willibrord von Echternach 70

ヴィルヘルム（ヒルザウの） Wilhelm von Hirsau 116

ヴェーバー、マックス Weber, Max 14

ウェルズ、ハーバート・G Wells, Herbert G. 190

ヴォルテール Voltaire, François Arouet 183, 253

ウスワルド（サン・ジェルマンの） Usuard von Saint-Germain 83-84, 110

ウルリヒ（アウクスブルクの） Urlich von Augsburg 106

エウセビオス（カエサリアの） Eusebios von Caesarea 39, 167

エウドクソス（クニドスの） Eudoxos von Knidos 29
エオストレ女神 Eostre, Göttin 68
エッケハルト4世（ザンクト・ガレンの） Ekkehard IV. von St.Gallen 103
エドワード懺悔王（イギリス王） Edward der Bekenner, englischer König 117
エリアス、ノルベルト Elias, Norbert 9-10, 13
オード（トゥールネーの） Odo von Tournai 111-12
オットー（フライジングの） Otto von Freising 121
オットー3世（皇帝） Otto III., deutscher Kaiser 100
オレーム、ニコル Oresme, Nicole 155-56, 163

【カ】

カール・マルテル（フランク王国宮宰） Karl Martell, fränkischer Hausmeier 70
カール大帝 Karl der Große, fränkischer Kaiser 73-74, 76-79, 86
カエサル、ガイウス・ユリウス Caesar, Gaius Julius 9, 32-34, 36, 43, 70, 74-75, 126
カッシオドルス Cassiodorus Senator 48-51, 53-54, 56, 82, 92, 111, 134, 206
カリアデス（アテナイの） Kalliades von Athen 20
ガルス（ザンクト・ガレンの） Gallus von St. Gallen 73
ギレルムス・アングリクス Guillelmus Anglicus 136
グィード（ウーの） Guido von Eu 113
クセルクセス1世（ペルシア王） Xerxes I., persischer König 20
クテシビオス（アレクサンドリアの） Ktesibios von Alexandria 30
クミアヌス（アイルランドの） Cummianus von Irland 58
グラティアヌス（ボローニャの） Gratian von Bologna 122
クリストフ・フロシャウアー Froschauer, Christoph 164
グリンメルスハウゼン、ヤーコプ・クリストッフェル・フォン Grimmelshausen, Jakob Christoffel 173-75
クルシュ、ブルーノ Krusch, Bruno 60, 188
グルントマン、ヘルベルト Grundmann, Herbert 14
グレゴリウス1世（教皇） Gregor I. der Große, Papst 51, 57
——7世（教皇） Gregor VII., Papst 110
——10世（教皇） Gregor X., Papst 144
——13世（教皇） Gregor XIII., Papst 165, 169
——（イギリスの） Gregorius von England 125
——（トゥールの） Gregor von Tours 52-55, 58, 62, 82, 96
クレメンス4世（教皇） Clemens IV., Papst 133
——6世（教皇） Clemens VI., Papst 146
グローステスト、ロバート Grosseteste, Robert 131, 157, 241
クロノス（オルフェウス教の神） Chronos 176
クロノス（ギリシアの神） Kronos 182
ゲオルク（カッパドキアの） Georg von Kappadokien 87
ケプラー、ヨハネス Kepler, Johannes 170-71, 184
コペルニクス、ニコラウス Kopernikus, Nikolaus 162, 165-66, 168, 171
コンスタンティヌス大帝（ローマ皇帝） Konstantin I. der Große, römischer Kaiser 36

【サ】

サトゥルヌス神 Saturn, römischer Gott 182 〔⇒土星、土曜日〕
サムソン（聖書中の英雄） Samson, biblischer Heros 58
サロモン、エリアス Salomon, Elias 144
ジェルベール（オーリヤックの） Gerbert von Aurillac 98, 100-01, 110, 196
ジェルラン（ブザンソンの） Gerland von Besançon 111
シジュベール（ジャンブルーの） Sigebert von Gembloux 115
シッカルト、ヴィルヘルム Schickard, Wilhelm

170-71, 173
シャルル5世（賢王、フランス王） Karl V. der Weise, französischer König 156
シャルル善良伯（フランドル） Karl I. der Gute von Flandern 141
ジャン（ムールの） Johannes de Muris 146-47
シュミット、アルノ Schmidt, Arno 256
ショット、カスパー Schott, Kaspar 173
ジョン（ロンドンの） Johannes von London 145
スウィフト、ジョナサン Swift, Jonathan 176-78, 192, 196
スカリゲル、ヨセフス・ユストゥス Scaliger, Joseph Justus 124, 167-71, 176, 180-81, 183, 193, 198, 250-51, 256
スティビッツ、ジョージ・R Stibitz, George R. 255
ゾイゼ、ハインリヒ Seuse, Heinrich 153
ソロモン（イスラエル王） Salomon, israelischer König 38-39
ソロン（アテナイの） Solon von Athen 22

【タ】

ダイイ、ピエール Ailly, Pierre d' 157
ダレイオス1世（ペルシア王） Dareios I. der Große, persischer König 20
ダンテ・アリギエリ Dante Alighieri 140
チャド（リヒトフィールドの） Ceadda von Lichtfield 70
チョーサー、ジェフリー Chaucer, Geoffrey 158
ツェマネク、ハインツ Zemanek, Heinz 200
ディオクレティアヌス（ローマ皇帝） Diokletian, römischer Kaiser 44
ディオスクロイ Dioskuren 125
ディオニュシウス・エクシグウス Dionysius Exiguus 43-45, 48, 50-52, 60-61, 78, 86, 89, 114-15, 123-24
ティベリウス（ローマ皇帝） Tiberius, römischer Kaiser 35
テイラー、フレデリック・W Taylor, Frederick W. 190
テウデリク3世（フランク王） Theuderich III., fränkischer König 59
デカルト、ルネ Descartes, René 172
デュラン、ギヨーム Durand, Guillaume 134, 141, 165
ドゥクス、ギュンター Dux, Günther 10, 13
トーマス、シャルル・X Thomas, Charles X. 254
ドビュクール、ルイ - フィリベール Debucourt, Louis-Philibert 186
トマス・アクィナス Thomas von Aquin 130

【ナ】

ニコラウス・クザーヌス Nikolaus von Kues 159-60, 163, 181, 206
ニッパーダイ、トーマス Nipperdey, Thomas 10, 13
ニュートン、アイザック Newton, Isaac 180, 183
ネロ（ローマ皇帝） Nero, römischer Kaiser 35
ノイマン、ジョン・フォン Neumann, John von 255
ノートカー（吃音者） Notker der Stammlter von St. Gallen 87, 106
ノートカー（ドイツ人） Notker der Deutsche von St. Gallen 102-04, 108

【ハ】

バーク、エドマンド Burke, Edmund 192
ハイデガー、マルティン Heidegger, Martin 193-94
ハイト（バーゼルの） Haito von Basel 238
ハイモ（バンベルクの） Heimo von Bamberg 235
ハインリヒ6世（皇帝） Heinrich VI., deutscher Kaiser 141
パウルス3世（教皇） Paul III., Papst 162
パウロ（使徒） Paulus, Apostel 35
パスカル、ブレーズ Pascal, Blaise 171-72, 190, 192, 196
ハットー3世（マインツの） Hatto III. von Mainz 87
バッハマン、インゲボルク Bachmann, Ingeborg 207
バルバロ、ダニエレ Barbaro, Daniele 30

ヒエロニュムス（ストリドンの） Hieronymus von Stridon 38-39, 52, 58-59, 68, 167, 200
ヒゼキヤ（ユダヤの王） Ezechias, judäischer König 138
ヒュギヌス Hyginus, Gaius Julins 79
ピュタゴラス（サモスの） Pythagoras von Samos 23, 29
ヒルデベルト２世（フランク王） Childebert II., fränkischer König 52
フィルミクス・マテルヌス、ユリウス Fermicus Maternus, Julius 38, 40, 154, 167
フーゴー（サン・ヴィクトールの） Hugo von Saint-Victor 112-13
フェルト、ドル・E Felt, Dorr E. 254
プトレマイオス（アレクサンドリアの） Plotemaios von Alesandria 12, 29, 90, 128
フライシュマン、ヨーハン・ヨーゼフ Fleischmann, Johann Joseph 184
ブラウン、トーマス Browne, Thomas 176
プラトン（アテナイの） Platon von Athen 22-25, 27-28, 36, 38, 41-42, 57, 80, 91, 93, 115, 165, 175, 180-81, 204
フランコ（リエージュの） Franco von Lüttich 102
フリー、ブルカルト Fry, Burkard 242
フリードリヒ２世（皇帝） Friedrich II., deutscher Kaiser 143
プリニウス（父） Plinius der Ältere 73, 79
ブルクハルト、ヤーコプ Burckhardt, Jacob 188
フルトルフ（ミヒェルスベルクの） Furtolf von Michelsberg 114, 235
ブルーノ、ジョルダーノ Bruno, Giordano 166
フレイザー、ジュリアス・T Fraser, Julius T. 201-02
ベーコン、ロジャー Bacon, Roger 131-33, 134, 137, 145, 153, 157, 206, 241
ベーダ（ジャローの） Beda von Jarrow 62-66, 68-70, 77-80, 82-86, 89, 91-97, 100, 103, 106, 114-17, 121, 124, 132, 152, 169-170, 176, 183, 196, 206, 222-23
ヘーベル、ヨーハン・ペーター Hebel, Johann Peter 251
ペトラルカ、フランチェスコ Petrarca, Francesco 205
ペトラルカの画匠 Petrarca-Meister 205
ベネディクトゥス（ヌルシアの） Benedikt von Nursia 46-47, 92
ヘラクレス（ギリシア神話の英雄） Herkules, griechischer Heros 59, 183
ヘルダー、ヨーハン・ゴットフリート Herder, Johann Gottfried 184
ベルノルト（コンスタンツの） Bernold von Konstanz 114, 116
ヘルペリクス（オーセールの） Helperich von Auxerre 85, 103, 126
ヘルマン（不具の） Hermann der Lahme von Reichenau 104-08, 113-14, 116-17, 123, 136, 149, 162, 199, 206
ヘロドトス（ハリカルナッソスの） Herodot von Halikarnass 19-22, 26, 28, 30, 39, 53, 129, 165
ヘンリー１世（イギリス王） Heinrich I., englischer König 117
ボエティウス、セウェリヌス Boethius, Severinus 42, 48, 50, 89, 98
ボーヴェ、ヴァンサン・ド Vinzenz von Beauvais 129
ボニファティウス（マインツの） Bonifatius von Mainz 72
ボニファティウス８世（教皇） Bonifatius VIII., Papst 145, 165
ボノ・ジャンボーニ Giamboni, Bono 242
ホノリウス（オータンの） Honorius Augustodunensis 111-12
ホメロス Homer, grieschischer Dichter 26
ホレリス、ハーマン Hollerith, Hermann 192-93, 195

【マ】

マクロビウス Macrobius 79
マリア（聖母） Maria, Mutter Jesu 142
マリアヌス・スコトゥス Marianus Scottus 114-15
マルコ（福音書著者） Markus, Evangelist 89, 106

マルス神（ギリシア神話） Mars, römischer Gott 77
マルティアヌス・カペラ Martianus Capella 79
ムハンマド（預言者） Muhammed, Prophet 125, 168
ムハンマド・アス＝サッファール Muhammed as-Saffar 96
メランヒトン、フィリップ Melanchthon, Philipp 129
メルクリウス神（ギリシア神話） Merkur, römischer Gott 103, 166
モーセ（聖書中の父祖） Moses, biblischer Patriarch 39, 125
モムゼン、テオドール Mommsen, Theodor 188
モンテーニュ、ミッシェル・ド Montaigne, Michel de 166, 176, 206

【ヤ】

ヨシュア（トリアーの） Josua von Trier 115
ヨハネス（グムンデンの） Johannes von Gmunden 160
ヨハネス（ケーニヒスベルクの） Johannes von Königsberg ⇒レギオモンタヌス
ヨハネス（サクロボスコの） Johannes von Sacrobosco 127-28, 131, 136-37, 159
ヨハネス（ソールズベリーの） Johannes von Salisbury 121
ヨハネス（モンペリエの） Johannes von Montpellier 135-36
ヨブ（聖書中の人物） Hiob, biblischer Dulder 39, 202

【ラ】

ライナー（パーダーボルンの） Reiner von Paderborn 123-26, 128, 131, 157
ライプニッツ、ゴットフリート・ヴィルヘルム・フォン Leibniz, Gottfried Wilhelm von 173, 180-81, 197-98
ラティーニ、ブルネット Latini, Brunetto 140
ラバヌス・マウルス（マインツの） Hrabanus Maurus von Mainz 80-81, 85
ランケ、レオポルト・フォン Ranke, Leopold von 188
ランデス、デヴィッド Landes, David 13
リウィウス、ティトゥス Livius, Titus 34
リチャード（イーリの） Richard von Ely 118
リチャード（ウォリンフォードの） Richard von Wallingford 145, 155
リドゲイト、ジョン Lydgate, John 158
ルートヴィヒ1世（敬虔王、皇帝） Ludwig I. der Fromme, fränkischer Kaiser 77, 80, 83-84
ルーフス（メッスの） Rufus von Metz 80
ルター、マルティン Luther, Martin 129
ルピトゥス（バルセロナの） Lupitus von Barcelona 95, 97
レオ13世（教皇） Leo XIII., Papst 195
レギオモンタヌス、ヨハネス Regiomontanus, Johannes 12, 160
レギノー（プリュムの） Regino von Prüm 85
ロタール1世（皇帝） Lothar I., fränkischer Kaiser 80
ロベルトゥス・アングリクス Robertus Anglicus 137-38, 151
ロムルス Romulus 32
ロレンツェッティ、アンブロージョ Lorenzetti, Ambrogio 154-55

事項索引

【ア】
アーヘン　Aachen　81
アーミラリー天球儀　Armillarsphäre　12
アイルランド　Iren, Irisch　58-62, 66, 73, 78, 86, 114
アヴィニョン　Avignon　144, 146
アウクスブルク　Augsburg　87, 106, 205
アウストラシア　Austrasien　61
アキテーヌ　Aquitanier　60-61
アストロラーベ　Astrolab　11, 30, 95-108, 113, 116-17, 128, 130, 133-34, 136-39, 149, 151, 156, 158, 199
アッティカ　Attika　9
アテナイ　Athen　22
アトランティス　Atlantis　22
アフリカ　Afrikaner　39
アメリカ　Amerikaner, Amerikanisch　190, 192, 195, 197, 199, 201
アラビア　Araber, Arabisch　11, 90, 95, 101, 111, 122-23, 126, 128, 133, 157, 167, 177, 189, 196
アルファベット　Alphabet　82, 93, 113, 143
アルフォンソ表　Alfonsinische Tafeln　147, 158-60, 168
アルメニア　Armenier, Armenisch　167
アレクサンドリア　Alexandria　29-30, 43
アングロサクソン　Angelsachsen　62, 77-78, 117〔イギリスの項も参照〕
イエスズ会士　Jesuiten　173
イギリス　Engländer, Englisch　63, 68-69, 70, 72, 82, 117, 121, 125, 136, 141-42, 158, 179, 179, 188, 190, 193, 196
イスラム教徒　Islam　84, 90, 96, 122-23, 130, 132-33, 135-37, 147
イタリア　Italiener, Italienisch　46, 61, 72,94, 140-42, 152, 166, 184
インディクティオ周期　Indiktion　66, 169
インド　Inder, Indisch　111, 123, 129, 144
ヴァイキング　Wikinger　90, 117
ヴァチカン　Vatikan　125, 214
——公会議（第2回）Vatikankonzil, zweites 254
——図書館　Vatikanbibliothek　99
ウィーン　Wien　160, 200
ウィウァリウム　Vivarium　50, 92
ヴィエンヌ　Vienne　83
ヴィッテンベルク　Wittenberg　129
ヴェストファーレン　Westfalen　124
ヴェネツィア　Venedig　12
ヴォルムス　Worms　80
ヴュルツブルク　Würzburg　102
閏年　Schaltjahr　33, 45, 66, 147-48, 164, 184
閏日　Schalttag　44, 63, 128, 160, 166
エジプト　Ägypter, Ägyptisch　19, 21-22, 28, 33, 58-59, 76, 87, 90, 162, 169
エチオピア　Äthiopier, Äthiopisch　167
エパクト　Epakt　64, 84
エヒテルナッハ　Echternach　70
円筒形日時計　Säulchen-Sonnenuhr　105-07, 136
黄金数　die Goldenen Zahlen　126, 147-48
オーストリア　Österreich, Österreichisch　201
オックスフォード　Oxford　131, 138, 145, 148, 155
オベリスク　Obelisk　33-34, 125
オリンピック　Olympiade　26, 32, 65, 168, 181

【カ】
カールスルーエ　Karlsruhe　66, 105
回帰年　tropisches Jahr　⇒太陽年
革命暦　Revolutionskalender　86-87, 201, 256
鐘　Glocke　72-74, 116, 138, 150-53, 156, 158
ガリア　Gallier　52, 60
カルデア人　Chaldäer　183
カルヴァン主義者　Calvinisten　167, 169
カンパーニャ地方　Campanien　72
機械時計　Räderuhr　10, 139, 149, 151-54, 156, 179, 197, 199

ギリシア　Griechen, Griechisch　17, 19-22, 24-26, 28-30, 32-33, 38, 43, 48-49, 58-60, 65-66, 90, 125, 157, 160, 162, 167, 182, 184, 213, 215
キリスト教徒　Christen　35, 37-38, 40-44, 46, 53, 56, 62, 65, 76, 84, 87, 90, 132-33, 156, 167, 175, 164
グレゴリオ暦　der Gregorianische Kalender　165, 176, 186
クロノメーター　Chronometer　179-80, 188
計算機械　Rechenmaschine　100, 102, 104, 170-73, 178, 190, 192-93, 195-96, 198-200
経線儀　⇒クロノメーター
夏至　⇒至点
ケルト　Kelten, Keltisch　52, 72
ゲルマン人　Germanen　52, 56, 114
ケルン　Köln　143
公会議 ⇒ ヴァチカン公会議（第2回）、ニカイア公会議、バーゼル公会議、ラテラノ公会議（第5回）
恒星年　Sternenjahr　74
コードラント　⇒四分儀
コプト　Kopten, Koptisch　167
暦　⇒革命暦、グレゴリオ暦、太陰暦、太陽暦、帝国暦（カロリング朝の）、農民暦、ユダヤ太陰暦、ユリウス暦、ローマ暦
コルヴァイ　Corvey　82, 116
コルドバ　Córdoba　84
コンクレント　Konkurrent　84
コンスタンツ　Konstanz　114, 157, 230. 242
コンピューター　Computer　14-15, 176-178, 193-207, 211, 254-56
コンプトメーター　Comptometer　192

【サ】
最後の審判　der Jüngste Gericht　35-36, 52, 60, 66, 78, 89, 112〔世界の終末も参照〕
ザクセン　Sachsen　189
朔望月　Mondmonat　18, 23, 29, 31, 45, 91, 123, 128, 132, 147, 161, 197
ザルツブルク　Salzburg　123
サルトゥス・ルーナエ　⇒月の跳躍
ザンクト・ガレン　Sankt Gallen　73, 87, 102
算盤　Abacus　98, 100, 102, 107, 111, 118, 122-23, 149, 196, 198
シエナ　Siena　155
シチリア　Sizilianer　38
至点　Sonnenwende　24, 74, 136, 145
シトー会修道士　Zisterzienser　123
四分儀　Sonnenquadrant　134-136, 242
周期　⇒インディクティオ周期、太陰周期、太陽周期、太陽太陰周期、復活祭周期、メトン周期、ユリウス周期
秋分　⇒分点
シュパイヤー　Speyer　175
春分　⇒分点
シリア　Syrer, Syrisch　167
新年　Neujahr　36, 142
スイス　Schweizer, Schweiz　167, 249
スキティア　Skythen　43
ストップウォッチ　Stoppuhr　188, 190, 194
砂時計　Sanduhr　154-55, 194, 205
スペイン　Spanier, Spanisch　52, 84, 90, 95-96, 98, 101, 136, 140
聖人記念日　Heiligefest　81, 87, 142, 153, 184
ゼーバルト教会（ニュルンベルクの）Sebald von Nürnberg　150, 152
世界の終焉　Weltende　41, 60-61, 65-66, 78-79, 89, 91, 143, 145, 165, 228〔最後の審判も参照〕
セルジュク人　Seldschuken　168
ソワッソン　Soissons　66

【タ】
太陰周期⇒メトン周期
太陰暦　Mondkalender　75, 125
大周期　Großzyklus　66, 148
大年　das Große Jahr　24, 27, 57, 80, 94, 163
タイムレコーダー　Stechuhr　191, 194
太陽周期　Sonnenzyklus　66, 80, 128, 169
太陽太陰周期　Lunisolarzyklus　23, 29, 160
太陽年　Sonnenjahr　23, 29, 31, 36, 44, 47, 57, 65, 74, 91, 100, 123, 128, 147, 132, 158, 161, 166, 197

太陽月　Sonnenmonat　74, 132
太陽日　Sonnentag　29, 46, 54-55, 92, 97
太陽暦　Sonnenkalender　33-34, 36, 75
ダルマチア　Dalmatiner　38
昼夜平分時　⇒分点
チューリヒ　Zürich　164
中国　Chinesen, Chinesisch　177, 180, 183, 253
ツィジオヤヌス　Cisiojanus　142
月の跳躍　Mondsprung　64, 103
帝国暦（カロリング朝の）Reichskalender, karolingischer　72, 74-76, 91
テュービンゲン　Tübingen　170-71
天地創造　Weltschöpfung　39, 41, 51-52, 47, 66, 78-79, 89, 91-92, 112, 124, 143, 168-70, 172, 174, 199
ドイツ　Deutsche, Deutsch　81, 102-03, 107-08, 112-14, 116-17, 121, 123, 141-43, 147, 152-53, 160, 173, 176, 184, 187-88, 199
ドゥームズデイ・ブック　Domesday Book　117
トゥール　Tours　52, 54-55
冬至　⇒至点
時計　⇒円筒形日時計、機械時計、砂時計、時計鐘、日時計、牧人の時計、歩測日時計、ホロロギウム、水時計
時計鐘　Orglogck　152
土星　Saturn　31, 36〔サトゥルヌス神、土曜日も参照〕
ドミニコ会修道士 Dominikaner 129-130, 153
土曜日　Satruntag　31, 92〔サトゥルヌス神、土星も参照〕
トリアー　Trier　115
トリエント　Trient　165
トルコ　Türken, Türkisch　167
トレド　Toledo　96
トロイア戦争　Trojaner, Troja　26, 168

【ナ】
ニカイア公会議　Nicaea, Konzil von　36, 64, 128, 147, 157
ニュルンベルク Nürnberg 150, 152, 174, 184
ノイストリア　Neustrien　61
農民暦　Bauernkalender　163-64, 249
ノルマン　Normannen, Normannisch　117, 126, 141

【ハ】
バーゼル公会議　Baseler Konzil　159-60
パーダーボルン　Paderborn　123, 128
パヴィーア　Pavia　69
バビロニア（メソポタミア）　Babylonien, Mesopotamien　19, 21, 29, 87, 90, 116,122
パリ　Paris　11, 112, 120, 127, 138, 141, 146, 156, 186-87
バルセロナ　Barcelona　90, 95
ハンガリー　Ungarn　90
反キリスト　Antichrist　89-90, 132
ハンブルク　Hamburg　116
バンベルク　Bamberg　105, 114, 116, 143
ビザンチン　Byzantiner　68, 160,168
日時計　Sonnenuhr　12, 21. 28. 33-34, 46, 48-50, 53-54, 56, 62-63, 74, 80, 94, 104-107, 125, 133, 136, 186, 199
百人隊　Zenturien　163, 165, 168
ヒルザウ　Hirsau　116
フィレンツェ　Florenz, Florentiner　140
復活祭周期　Osterzyklus　43, 66, 80
復活祭暦表　Ostertafel　44-45, 60-61, 82
不定時（法）　Temporalstunde　54, 65, 91, 96-97, 100, 136, 151
フランクフルト・アム・マイン　Frankfurt am Main　247
フランク人　Franken　52-54, 58, 60-61, 70, 72-75, 78, 82, 84, 228
フランシスコ会士　Franziskaner　131
フランス　Franzosen, Französisch　66, 107, 110, 134, 134, 136, 140-42, 155, 157-58, 166-67, 173, 183-84, 186-87, 195, 196, 201, 210, 236, 244, 256
フランドル地方　Flandern　141
プリュム　Prüm　81, 85
ブルグント　Burgund　61
プルコヴォ　Pulkowo　170
フルダ　Fulda　80-81, 83
ブルッフザル　Bruchsal　175

フルリー Fleury 91-92, 94-95, 99, 116, 180
フレーデガル Fredegar 58
ブレーメン Bremen 116
分点 Äquinoktium 24, 62-63, 74, 133, 147, 159, 187
平分時（法） Äquinoktialstunde 54, 65, 92, 96, 136, 151, 222
ベネディクトボイエルン Benediktbeuern 108
ベネディクト派 Benediktiner 14, 69, 92, 104, 115, 117, 146, 158
ヘブライ Häbraisch 58, 158, 167〔⇒ユダヤ〕
ペリゴール Périgord 144
ペルシア Perser, Persisch 19-20, 26, 29
ベルリン Berlin 94, 96, 107, 191
ヘレスポントス Hellespont 20
牧人の時計 Hirtenuhr 106-07
歩測日時計 Fuß-Sonnenuhr 94
ボヘミア Böhmen 144
ホロロギウム Horologium 48-50, 62, 65, 77, 92, 97, 104, 116, 137-138, 153

【マ】
マインツ Mainz 80, 87, 114
マクデブルク Magdeburg 163, 168
マケドニア Makedonien, Makedonisch 59
マニ教徒 Manichäer 40
マルセイユ Marseille 136
水時計 Wasseruhr 30, 33, 46, 49-50, 54, 63, 77, 81, 92, 100-01, 106, 116, 133, 137-38, 151, 194, 199, 205
ミュンスターアイフェル Münstereifel 81
ミラノ Mailand, Mailänder 141
ムスリム Muslime ⇒イスラム教徒
メソポタミア Mesopotamien ⇒バビロニア
メッカ Mekka 168
メッス Metz 80
メトン周期 Mondzyklus 44, 64, 66, 79-80, 103, 126, 128, 160
モノコード Monochord 98
モンペリエ Montpellier 135-136

【ヤ】
ユダヤ Juden 13, 28, 31, 36, 39, 41, 115, 124-25, 160, 172, 175, 180, 182, 182-4, 202
——太陰暦 der jüdische Mondkalender 125, 213
指での計算 Fingerrechnen 41, 100, 196
ユリウス周期 die julianische Periode 169, 181
——通日 das julianische Datum 169, 250, 256
——暦 der Julianische Kalender 9, 35, 158, 176

【ラ】
ライヒェナウ Reichenau 81, 87, 104-06
ラヴェンナ Ravenna 45
ラテラノ公会議（第5回） Laterankonzil, fünftes 161-62
ラテン Lateinisch 11, 13, 34, 37-38, 42-43, 50, 52, 58-59, 61, 69, 72-73, 76-77, 82-83, 86, 90, 95, 122, 137, 140, 143, 152, 158, 160, 173, 176〔ローマの項も参照〕
ラン Laon 66
ランゴバルド人 Langobarden 61, 69, 78
ランス Reims 216
リヨン Lyon 83
ルツェルン Luzern 141
レーゲンスブルク Regensburg 83, 116-17
暦法改革 Kalenderreform 33, 87, 133-34, 145-46, 157, 159, 160-61, 165-66, 169, 201
レグラーレス Regulares 84
蠟燭 Kerze 116
ローマ Rom, Römer 32-37, 43-44, 46-47, 49-50, 52, 56, 61, 68, 70, 74-77, 79, 85-86 89, 123, 125, 143, 146, 166-69, 182, 184, 187
——数字 die römischen Zahlen 122-23, 189
——暦 der römische Kalender 68, 74, 77, 124, 133, 145, 168
ロシア人 Russen 68
ロルシュ Lorsch 74-76
ロンドン London 117-18, 145, 177

本文図版出典一覧

図1 : Propyläen Kunstgeschichte 6 (1972) Farbtafel II.
図2/3/16/21/23/24/25 : Archiv für Kunst und Geschichte, Berlin.
図4 : Edmund Buchner, Die Sonnenuhr des Augustus (1982).
図5 : Raffaella Frioli, Ravenna romana e bizantina (1977).
図6/17 : Kalender im Wandel der Zeiten (1982).
図7 : Erwin Poeschel, Die Kunstdenkmäler der Schweiz, Kanton St. Gallen 3 (1961).
図8 : Jacques-Paul Migne, Patrologia latina 90 (1853).
図9 : Bildarchiv Preußischer Kulturbesitz, Berlin.
図10 : Vatikanische Bibliothek, Rom.
図11 : Landesbibliothek Karlsruhe.
図12 : Kunstgewerbemuseum Berlin.
図13 : Lynn White jr., Die mittelalterliche Technik und der Wandel der Gesellschaft (1968).
図14 : Nan L. Hahn, Medieval Mensuration (1982).
図15 : Germanisches Nationalmuseum Nürnberg.
図18 : 350 Jahre Rechenmaschinen, hg. von Martin Graef (1973).
図19 : Des Abenteurlichen Simplicissimi Ewig-währender Kalender (Falsimileausgabe).
図20 : Swift, Prose Works 11 (1965).
図22 : Marie-Louise Biver, Fêtes révolutionaires à Paris (1979).

[著者略歴]

アルノ・ボルスト　Arno Borst（1925-2007）

ドイツの中世史家。コンスタンツ大学で教鞭をとる（1968-90）かたわら、「モヌメンタ・ゲルマニアエ・ヒストリカ」（MGH）の編集委員をつとめるなど幅広く活躍。とりわけ異端、言語論、社会史研究の分野でめざましい業績を残した。主要著書に *Die Katharer*（1953、『中世の異端カタリ派』藤代幸一訳、新泉社）、*Der Turmbau von Babel*（1957-63）、*Lebensformen im Mittelalter*（1973、『中世の巷にて―環境・共同体・生活形式』永野藤夫他訳、平凡社）、*Mönche am Bodensee*（1978）などがある。また没後には自伝的回顧録 *Meine Geschichte*（2009）も刊行されている。

[訳者略歴]

津山拓也（つやま・たくや）

1962年、佐賀県に生まれる。1990年、東京外国語大学大学院修士課程（独文学専攻）修了。現在、東京外国語大学、國學院大學、二松学舎大学、中央学院大学、淑徳大学非常勤講師。

訳書に、ゲッツ『中世の聖と俗』（八坂書房）、マール『精霊と芸術』、ザッペリ『知られざるゲーテ』、ヴェルナー『ピラミッド大全』、デッカー『古代エジプトの遊びとスポーツ』、共訳書にブレーデカンプ『古代憧憬と機械信仰』、デュル『秘めごとの文化史』『性と暴力の文化史』『挑発する肉体』『〈未開〉からの反論』（以上、法政大学出版局刊）がある。

中世の時と暦 ―ヨーロッパ史のなかの時間と数

2010年 11月 25日　初版第1刷発行

訳　者　津　山　拓　也

発行者　八　坂　立　人

印刷・製本　モリモト印刷（株）

発行所　（株）八坂書房

〒101-0064　東京都千代田区猿楽町1-4-11
TEL. 03-3293-7975　FAX. 03-3293-7977
URL　http://www.yasakashobo.co.jp

ISBN978-4-89694-966-7

関連書籍のご案内

図説 数の文化史

—世界の数字と計算法

K.メニンガー著／内林政夫訳

インド数字はいかにして世界を制覇したか？ 250点の図版を駆使して、知の歴史を物語る壮大な絵巻！世界の様々なタイプの数字と数え方、計算方法に関する膨大な情報をまとめた基本図書として、各国で読み継がれている「古典的名著」の初邦訳。 A5 3900円

大学の起源

C.H.ハスキンズ著／青木靖三・三浦常司訳

ヨーロッパ中世の発明品のひとつに数えられる〈大学〉。——謎に包まれたその起源から、初期の制度や教育内容の詳細、さらには学生の生活の様子にいたるまでを、『十二世紀ルネサンス』の著者として名高い中世史家ハスキンズが、一般向けにわかりやすく解説。西洋中世史ならびに教育史を語る上で欠かせぬ名著、待望の新版。 四六 2400円

修道院文化史事典

P.ディンツェルバッハー、J.L.ホッグ編／朝倉文市監訳

歴史的に重要な役割を果たしてきたカトリックの主要な修道会について紹介した、画期的な事典。ベネディクト会からイエズス会まで、最重要の12の修道会をとりあげ、文学・美術・音楽・社会経済・教育……と、分野別にその功績を詳述する。宗教史はもとより西洋中世史・美術史の理解に欠かせぬ一冊。 A5 7800円

中世の聖と俗

—信仰と日常の交錯する空間

ハンス＝ヴェルナー・ゲッツ著／津山拓也訳

日常生活の根幹をなす結婚・家族制度と、人びとの想像力のなかに確固たるリアリティをもって存在した「死後の世界」や「悪魔」のイメージとに焦点をあて、キリスト教と世俗文化が互いに影響を与えあう、「中世的な」聖俗の絡み合いの特徴をつぶさに明らかにする。 A5 2800円

価格税別